TABLEAU

DES

CORPS ORGANISÉS FOSSILES.

LE NORMANT FILS, IMPRIMEUR DU ROI,
rue de Seine, n° 8, faubourg Saint-Germain.

TABLEAU

DES

CORPS ORGANISÉS FOSSILES,

PRÉCÉDÉ

DE REMARQUES

SUR LEUR PÉTRIFICATION;

PAR M. DEFRANCE,

MEMBRE DE PLUSIEURS SOCIÉTÉS SAVANTES.

PARIS,

F. G. LEVRAULT, LIBRAIRE,

ÉDITEUR DU DICTIONNAIRE DES SCIENCES NATURELLES,

RUE DES FOSSÉS-MONSIEUR-LE-PRINCE, N° 31.

STRASBOURG,

MÊME MAISON, RUE DES JUIFS, N° 33.

1824.

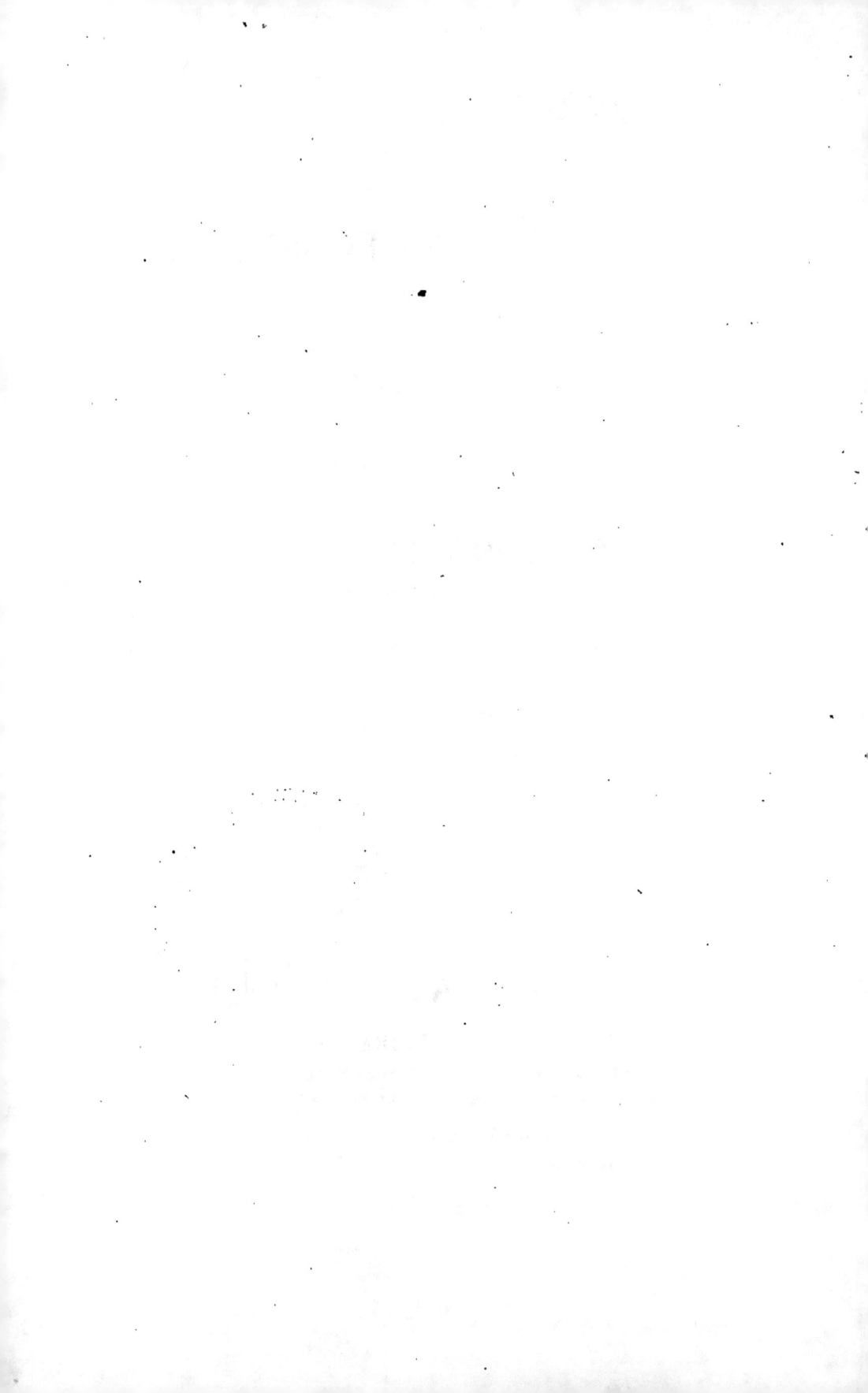

A MONSIEUR

LE BARON DE HUMBOLDT.

Monsieur,

Qu'avois-je besoin de mettre une suscription à l'hommage que je désirois vous faire de ce petit ouvrage ? Le monde savant auroit bientôt reconnu celui à qui seul il pouvoit s'adresser, quand je lui aurois dit que j'avois l'intention de le dédier :

Au plus célèbre voyageur, qui possède le rare talent de peindre les objets, et d'exprimer ses nobles pensées dans la plupart des langues anciennes et modernes.

A l'auteur qui a publié de si beaux écrits sur la végétation des régions équinoxiales, le commerce, l'économie politique, l'anatomie comparée, le magnétisme, la statistique.

Au naturaliste qui a communiqué, par ses travaux, une si vive impulsion à la minéralogie, à la botanique, à la zoologie, à la géologie, à la géognosie, à la météréologie.

Au savant que les chimistes, les astronomes, les géographes, les mathématiciens, les physiciens, les médecins, admirent dans les ouvrages qu'il a fait paroître sur les sciences que chacun d'eux cultive en particulier.

Enfin, à l'homme aimable, au philosophe

éclairé, dont la bonté pardonnera, j'espère, cette dédicace que sa modestie l'auroit sans doute porté à refuser à un auteur qui a besoin de pouvoir publiquement lui témoigner sa reconnoissance pour les bons avis qu'il en a reçus sur une partie des remarques que renferme cet ouvrage.

Recevez, je vous prie, Monsieur, l'expression de mon respect et de mon dévouement,

DEFRANCE.

PRÉFACE.

—

Des géologues célèbres (MM. de
Humboldt, de Buch et autres), ayant
dit que la collection des corps organisés fossiles que j'ai formée, avoit
été une des causes qui avoit fait avan-
cer la géologie, il ne sera peut-être
pas tout-à-fait indifférent pour l'histoire de cette science, dont presque
personne ne s'occupoit, il y a vingt-
cinq ans, et qu'on étudie tant aujourd'hui, de savoir comment j'ai
été amené à rassembler un si grand
nombre d'objets fossiles. Je vais le
rapporter le plus brièvement possible.

Mon goût pour l'étude de la nature
m'avoit fait recueillir dès mon enfan-
ce, dans des couches anciennes des

environs de Caen, des ammonites, des cypricardes, des pintadines et d'autres coquilles. J'avois beaucoup travaillé, dans l'espérance que je trouverois dans le rocher des bélemnites, avec leur alvéole entière, dont quelques portions que j'avois cru voir sembloient indiquer qu'elle s'évasoit, et devenoit très-mince sur ses bords. J'avois désiré d'ouvrir les deux valves réunies des cypricardes modiolaires, dont le têt fort épais et changé en cristaux, m'étonnoit, comme il m'étonne encore aujourd'hui. J'avois été frappé surtout d'une sorte de ressemblance de l'extérieur des grandes pintadines (*meleagrina cadomensis*. Déf.), avec celui du grand peigne (*pecten maximus*. Lam.), qui vit dans la Manche, et de leur intérieur, qui ressemble à celui de l'huître pied-de-cheval (*ostrea hippopus*. Lam.), qui se trouve également à l'état vivant dans les mêmes lieux ; mais, quoique j'eusse abandonné depuis très-long-temps l'étude des fossiles, je m'étois toujours souvenu de mes premières remarques.

En lisant les ouvrages de Buffon, en 1798 ou 1799, je m'étonnai d'y voir que ce savant annonçoit que les co-quilles fossiles que l'on trouvoit dans nos couches étoient à peu près les mêmes que celles de nos côtes, ou avoient de très-grands rapports avec elles. Me rappelant alors que les am-monites, les huîtres-à-râteau, les gry-phites et les autres coquilles des cou-ches anciennes, dont j'avois con-servé quelques échantillons, n'avoient aucuns rapports avec celles que l'on trouve sur nos rivages, je rassemblai tout ce que je pus en coquilles fossi-les, même de celles de Grignon que je connoissois, pour avoir habité dans le voisinage, afin de faire des comparaisons avec les coquilles à l'état frais, déposées dans les galeries du Muséum.

En faisant cette petite collection, je n'avois eu d'autre but que de me prouver à moi-même que Buffon s'étoit trompé ; mais je n'en restai pas là dans mes recherches. Je ramassai en très-peu de temps, la presque totalité des espèces qui se trouvent à Grignon, malgré le peu d'encouragement que me donna un estimable savant qui cultive une autre science que la géologie.

Il n'en fut pas de même de quelques autres qui surent mieux apprécier l'utilité de mes recherches, puisque le 15 août 1801, MM. Lamarck et Faujas firent approuver par l'administration du Muséum, la proposition qu'ils avoient faite de faire peindre pour la collection des vélins, les coquilles fossiles de Grignon que j'avois déjà recueillies.

Par suite de cette décision, il fut peint par MM. Maréchal et Oudinot, peintres du Muséum, cinquante vélins, qui contiennent plus de trois cents espèces, et dont la presque totalité fut décrite et figurée dans les Annales du Muséum d'Histoire naturelle, en 1802 et dans les années suivantes.

Cette publication, dans laquelle ma collection fut citée très-fréquemment, me fit obtenir une grande quantité de corps fossiles, qui me furent envoyés de différentes parties de la France, de la Suisse, de l'Italie, de la Prusse, d'Angleterre et d'Amérique, par MM. Cortezy, Hammer, G.

A. Deluc., Coulon, de Genton, Godon, Michaux, Lamouroux, Antoni, Léchevin , Sowerby, de Gerville , Hérault, de Magneville, Sauvage, Hœninghaus, Dubuisson, Deslonchamps, de Bazoches, Graves, Gillet, Millet, Béraud, et mademoiselle Warne, auxquels la science est redevable d'une partie de l'avantage qu'elle a pu, ou pourra retirer de ma collection.

Ayant remarqué que ce qui se trouvoit dans les couches anciennes des environs de Caen, et que tout ce que je recevois de la Bourgogne avoit de l'analogie et ne ressembloit en rien aux corps marins que l'on trouve dans la couche du calcaire de Grignon, ainsi que dans la craie, et que ceux qui se rencontrent dans cette dernière différoient de ceux des deux autres localités, je soupçonnai qu'il devoit y avoir un ordre de superposition dans ces trois sortes de terrains. Déjà je m'étois assuré à Grignon et à Meudon, que le calcaire de ce premier endroit étoit au-dessus de la craie; mais je n'étois pas certain que cette dernière fût posée sur la couche à cornes-d'ammon. J'en fis la question à M. G. A. Deluc, de Genève, avec lequel j'étois en correspondance depuis plusieurs années. Ce savant, qui avoit beaucoup observé, et qui avoit déjà écrit sur la géologie, me répondit, le 5 octobre 1807, que, *d'après les coupes de quelques côtes d'Angleterre qu'il avait vues, il étoit assuré que la craie reposoit sur des couches à cornes-d'ammon pyriteuses;* et ce fut dans cet ordre que j'arrangeai dans le même temps quelques uns des objets de ma collection. Elle a été visitée par presque tous les savans qui ont travaillé sur la géologie, et qui ont fait faire

tant de progrès à cette science. Non
seulement elle a été à leur disposition, mais je leur ai communiqué
mes remarques, quand j'ai cru qu'il
pouvoit être utile de le faire. L'étude
et la comparaison d'un si grand nombre d'espèces et de genres pris dans
des localités différentes et rappro-
chés dans ma collection, m'ayant
mis à portée de faire beaucoup de
remarques, j'ai cru devoir les consigner, et c'est ce travail que je présente aujourd'hui.

Comme je ne voulois écrire que ce
qui, à ma connoissance, n'avoit pas
encore été publié, je n'avois pas
pensé, en commençant ce travail,
qu'il pourroit être assez étendu pour
former même un petit volume. Si j'a-
vois attendu que j'eusse fait de nouvelles observations, ou que je me
fusse rappelé de celles que j'ai pu

oublier, j'aurois pu l'étendre ; mais j'ai préféré de le donner maintenant tel qu'il est.

Avant de terminer cet avant-propos, je vais consigner une observation relative à l'influence des couches sur la végétation, que j'ai cru remarquer dans un voyage rapide que je fis il y a dix ans.

L'étendue du terrain qui se trouve compris entre Paris et Alençon, peut être divisé en trois portions, comme j'ai divisé pour les époques le tableau qui finit ce travail : savoir, 1° en couches antérieures à la craie, pour l'espace qui se trouve depuis Alençon jusqu'à Mortagne ; 2° en couches de la craie, depuis cette dernière ville jusqu'à Houdan ; 3° et en couches postérieures à cette denière substance, depuis Houdan jusqu'à Paris.

L'inclinaison de ces couches, dont la première s'enfonce sous la craie, et celle-ci sous le calcaire grossier, fait qu'elles se présentent un peu *de champ*, et qu'elles offrent, pour la première un espace de dix à douze lieues, un autre de dix-huit lieues pour la deuxième, et un autre de douze lieues pour la troisième.

La terre végétale, portée sur du calcaire grossier, ou autres couches les plus nouvelles, présente une belle végétation dans les plaines aux environs de Paris. Depuis Houdan jusqu'auprès de Mortagne, le sol crayeux offre une végétation moins belle, et en général les arbres y sont rabougris ; mais il n'en est pas ainsi depuis cette dernière ville jusqu'à Alençon ; la terre végétale qui se trouve portée sur la couche à cornes-d'ammon, et qui n'étoit peut-être autrefois que

cette couche elle-même, présente
une végétation remarquable. Non
seulement elle est beaucoup plus belle
sur cette dernière que sur la craie,
mais encore plus belle que celle des
environs de Paris. Les pommiers et
les poiriers chargés de lichens en ru-
bans, et qu'on ne voit pas dans les plaines des deux autres coupes, ou qu'on
n'y élève qu'avec beaucoup de peine,
couvrent les campagnes dans celle-
ci. Des terrains qui, par leur éléva-
tion, ne pourroient servir de prai-
ries dans les deux autres coupes, sont
couverts dans celle-ci d'une herbe
fine qui croît dans une terre d'une
nature propre à conserver les eaux
de la pluie. Enfin, il semble que cette
végétation influe elle-même sur certains oiseaux de passage, et les force
à se fixer dans le pays, puisque l'on
y voit beaucoup de rossignols de mu-
raille (*Sylvia phœnicurus*, Lath.), qu'on

ne voit presque jamais aux environs de Paris, qu'aux passages d'avril et d'octobre.

Il est extrêmement probable que des recherches et des comparaisons plus approfondies présenteroient des faits de cette nature très-remarquables.

REMARQUES

SUR

LES PÉTRIFICATIONS.

⸺◦◖◗◖◆◗◖◗◦⸺

§. 1.

L'ÉTUDE des corps organisés fossiles nous a
appris qu'après les cristallisations qu'on observe dans le granite, dans le porphyre et
dans les autres substances primitives, qui
ne contiennent jamais aucun vestige de
corps qui auroient été doués de la vie, les
eaux couvrirent ces cristallisations, si déjà
elles n'avoient été formées dans leur sein,
comme tout porte à le croire, car on passe,
sans intermédiaire sensible, de ces dernières
aux couches qui contiennent des corps organisés, qui, bien certainement, ont vécu
dans les eaux [1].

---

[1] Quelques savans ont annoncé qu'au-dessus de certaines

2.

Nos observations ne peuvent nous faire savoir si les substances primitives que nous voyons n'ont pas été précédées par un ou plusieurs autres mondes plus anciens qu'elles pourroient recouvrir ; mais, en admettant qu'elles n'ont été précédées que par d'autres substances semblables, nous voyons que la vie a commencé par des animaux aquatiques d'espèces et de genres très-différens, en général, de ceux qui existent aujourd'hui.

3.

Dans les plus anciennes couches, on trouve des trilobites, des orthocératites, des ammonites, des bélemnites, des encri-

couches renfermant des corps organisés, on a trouvé des cristallisations semblables à celles des granites ; mais ces circonstances, qui pourroient avoir les volcans pour cause, sont si rares, et les lieux où on les a remarqués si peu étendus, comparativement à la surface du globe, sur laquelle on n'a trouvé rien de semblable, que peut-être on peut s'abstenir d'établir encore un principe à cet égard.

nites, des térébratules, et beaucoup d'autres genres dont la plus grande partie n'existe plus à l'état vivant. Parmi ceux qui vivent encore, quelques uns, tels que les encrines, qui sont de la plus grande rareté à l'état vivant dans les mers, furent autrefois si communs, que leurs débris, liés par un ciment calcaire, constituent à eux seuls des couches très-considérables.

4.

Si l'on peut élever quelques doutes relativement à la cristallisation des substances primitives dans les eaux, on ne peut presque en avoir aucun sur celle dans laquelle on trouve des corps organisés, et qui paroît évidemment y avoir eu lieu. Dans cette hypothèse, il est probable que les eaux qui contenoient les élémens de ces cristallisations, les ayant déposés, n'en contiennent plus ou presque plus aujourd'hui, puisque de nos jours nous ne voyons pas qu'il se forme de véritables pétrifications, comme autrefois. Cependant, il paroît, comme nous le verrons ci-après, que certaines cristallisations qui ont eu lieu depuis qu'une précédente avoit saisi les corps que nous trouvons fossiles, auroient pu s'opérer après le retirement des eaux.

5.

On peut croire que certaines couches, telles que celles des phyllades et de la craie, auroient été déposées dans des liquides qui auroient eu la propriété de détruire ou de dissoudre certaines substances calcaires qui s'y trouvoient, et dans lesquelles on n'en verroit plus de traces aujourd'hui.

Si nous ne sommes conduits que par l'analogie pour prendre une telle croyance à l'égard des phyllades, il n'en est pas de même de la craie, qui présente des faits capables de nous mener à la certitude.

6.

Dans les couches de phyllades, on ne trouve en général que des trilobites et des corps contournés sur eux-mêmes comme

des ammonites, et dont le têt n'existe plus ;
mais ces couches ont pu contenir un bien
plus grand nombre de corps marins qui
auroient été détruits. Ce qui le feroit croire,
c'est que, dans le temps où vivoient des
trilobites, il existoit déjà une très-grande
quantité d'animaux marins. On en a la
preuve dans plusieurs localités.

Je possède un morceau de pierre de la
grandeur et de l'épaisseur de la main, provenant de Dudley en Angleterre, et sur
lequel se trouve un de ces crustacés, accom-
pagné de près de cinq cents corps marins
plus ou moins entiers, et liés entre eux par
une sorte de vase grise durcie. J'ai pu y
reconnoître vingt-cinq espèces ou genres
différens, et bien conservés, de crustacés,
de térébratules, de polypiers, d'encrinites et
de coquilles bivalves du genre Strophomène.

Je possède un autre morceau de pierre à
peu près pareil, provenant des environs de
Chimay, où l'on trouve aussi des trilobites,
et qui n'est composé que de débris d'encrinites et de petites coquilles bivalves : ces

deux morceaux ont la plus grande analogie
entre eux, pour la forme et la couleur.

Puisque, dans le temps où des trilobites
vivoient à Dudley et à Chimay, il existoit
dans ces endroits une grande quantité d'a-
nimaux marins, pourquoi ne pourroit-on
pas croire qu'avec ceux que l'on trouve
dans les formations de phyllades et de calcaire de transition, il en existoit également
qui ont disparu, surtout quand on a la
presque certitude qu'un très-grand nombre
a été dissous dans la craie supérieure, sans
y laisser aucune trace? D'ailleurs, les trilobites des phyllades et les autres corps contournés qu'on y rencontre, et dont quelques
uns sont plus grands que la main, se nour-
rissoient d'animaux, et probablement d'animaux testacés, dont on devroit retrouver
des traces, s'ils n'avoient été dissous ou détruits dans le temps où les schistes phyllades
ont été formés.

7.

C'est probablement l'absence ou la pré-

sence des corps organisés dans les couches
de phyllades, qui a fait ranger les uns dans
les substances primitives, et les autres dans
les intermédiaires; car la superposition des
roches primitives ne peut plus guider en ce
cas, depuis l'exemple du granite de Chris-
tiana, qui repose sur une couche à orthocératites; mais les corps organisés étant déjà
fort rares dans certaines couches de phyllades, ne seroit-il pas possible qu'ils fussent
encore plus rares, ou qu'ils eussent disparu
tout-à-fait dans celles qui ont été rangées
avec les substances primitives?

8.

Certaines familles de mollusques, comme
les huîtres et les gryphites, en passant à
l'état fossile, ont conservé leur têt dans
toutes les localités et dans tous les terrains;
d'autres, comme celles des volutes, des porcelaines, des crassatelles et autres, ont disparu dans presque tous les lieux où il y a
eu cristallisation ou pétrification : les térébratules se sont conservées presque partout; mais dans certaines couches anciennes,

comme à Valognes, à Coblentz, à Timor, dans les monts Alléghanys et dans la Virginie, elles ont disparu, et n'ont laissé que leurs moules intérieurs et extérieurs.

Les polypiers, les serpules, et généralement tous les têts qui adhèrent sur d'autres corps, se sont conservés mieux que les autres.

9.

Les parties solides des stellérides, des échinides et des encrines, en passant à l'état fossile, se sont changées en spath calcaire qui se brise en lames rhomboïdales, et il est toujours aisé de vérifier si ces corps sont fossiles, en s'assurant s'ils sont dans un état spathique. Très-souvent le têt des animaux dépendans de ces familles est conservé, même dans la craie, où tant d'autres corps ont disparu; mais dans quelques endroits, comme dans les monts Alléghanys, et dans quelques lieux de l'Angleterre, les tiges d'encrines ont disparu, et n'ont laissé que leur empreinte.

10.

Il faut admettre que le têt de quelques coquilles peut, dans certaines couches, se changer en une cristallisation irrégulière, sans cela il faudroit croire que les corps qui ont la forme la plus exacte de coquilles, tant univalves que bivalves, que l'on trouve dans les environs de Caen et de Bayeux, dans une couche à oolithes, inférieure à la craie, et qui sont souvent dégagés de leur pâte, ne seroient pas de véritables coquilles. Il semble que le têt de celles qu'ils représentent, après avoir disparu, auroit été remplacé par une cristallisation qui en auroit pris exactement toutes les formes. Ce qui est bien certain, c'est qu'en les brisant, au lieu d'un têt fibreux, on trouve que ces corps ne sont composés que de cristaux. Les différentes espèces de pleurotomaires, les ammonites, les cypricardes modiolaires dont le têt est fort épais, et d'autres coquilles de cette couche sont dans ce cas.

II.

A ma connoissance, les bélemnites ne disparoissent jamais, et on les rencontre même
dans la craie et dans les localités (Nehou,
département de la Manche), où toutes les
coquilles solubles ont disparu. En les brisant, on les trouve toujours composées
d'une sorte de cristallisation en aiguilles,
rayonnantes du centre à la circonférence;
mais comme on ne les a jamais rencontrées qu'à l'état fossile, on n'est pas assuré
si déjà elles n'étoient pas ainsi organisées
avant de passer à cet état, et on ne peut faire
pour elles la même supposition que pour les
radiaires échinodermes et les encrines. Ce
qui paroît bien certain, c'est qu'avant de
passer à l'état fossile, elles étoient d'une
matière solide et calcaire, puisque l'on en
trouve quelques unes qui ont été percées et
habitées par des pholadaires, et que sur
d'autres il adhère des serpulées.

12.

En disparoissant, le têt des mollusques a laissé le moule de ses formes, tant extérieures qu'intérieures. Ce moule est tellement exact, qu'il représente dans toutes ses parties les lignes, ou les stries, ou les plus petites aspérités qui en dépendoient.

13.

Les moules extérieurs étant entiers, et souvent sans la moindre fracture, le têt sur lequel il a été formé ne peut en être sorti que parce qu'il a été dissous après que la matière molle, dans laquelle il étoit plongé, a subi une cristallisation ou pétrification, qui s'est emparée de toutes ses formes.

14.

Quoique nous ne connoissions aujourd'hui aucun agent qui eût la faculté de produire une pareille dissolution, sans attaquer le moule calcaire qui entoure ces corps, il

semble qu'on ne peut attribuer leur disparition qu'à l'action des eaux et des autres
liquides qui traversent continuellement de
la surface de la terre jusqu'à de grandes
profondeurs.

15.

Si les eaux ont pu dissoudre la matière
calcaire qu'on ne retrouve plus dans le moule
du têt des mollusques, elles ont dû la porter
dans des lieux plus bas, où peut-être elles
ont formé de nouvelles cristallisations.

16.

On a annoncé que dans les environs d'Am-
berg on trouvoit une quantité considérable
d'alvéoles de bélemnites, tandis que l'en-
veloppe extérieure de ce fossile y étoit d'une
rareté extrême, et n'y existoit presque jamais en entier.

N'ayant point été à portée de voir ces alvéoles, je ne puis rien dire sur leur nature
et leur origine; mais voici ce qui se présente

à la réflexion : les alvéoles n'ont pu être
conservées que parce qu'elles ont été saisies
par une pétrification qui a rempli la cavité
des bélemnites en même temps qu'elle a en-
veloppé ces dernières, et très-probablement
formé la couche où on les trouve. Si elles
existent seules aujourd'hui, c'est qu'après
cette pétrification, les coquilles qui contenoient ces alvéoles ont été dissoutes ; mais,
dans ce cas, on devoit trouver le moule de
leurs formes extérieures.

17.

Dans certaines localités, comme à Montmartre, on trouve des modèles ou moules
intérieurs en marne de coquilles marines
et de crustacés, sans qu'il paroisse qu'un
moule extérieur d'une nature différente du
modèle ait existé.

En brisant la marne, ces modèles se détachent du reste de la masse, et représentent exactement les formes extérieures des
coquilles et des crustacés. Ils sont recouverts
d'un enduit jaunâtre, sans épaisseur, et il

paroît que cet enduit est la cause qu'ils se détachent de la masse.

Si l'on ne peut admettre que les coquilles et autres corps se soient changés en marne, il est très-difficile d'expliquer la formation de ces modèles, ces derniers, ainsi que leurs moules, étant composés de la même substance.

S'il y avoit eu disparition du têt des coquilles comme dans les autres localités, il auroit fallu qu'une pétrification fût venue saisir les corps, qu'ensuite la marne se fût moulée, et que depuis le moule se fût lui-même changé en marne. J'avoue que ces transmutations ne sont pas aisées à comprendre ; et, sans pouvoir l'expliquer mieux, l'on pourroit peut-être plus facilement croire que tous les corps calcaires contenus dans la couche auroient été convertis en marne.

18.

Quand les hipponices se trouvent dans une couche où il y a eu disparition, ils pré-

sentent un fait singulier. Leur coquille supérieure, qui est composée d'une matière
analogue à celle des porcelaines, des volutes
et autres coquilles solubles, a disparu, en
ne laissant que son moule, tandis que leur
support, qui est d'une contexture feuilletée
comme celle des huîtres, est resté intact,
à l'exception de l'endroit de ce support où
s'est trouvé le muscle adducteur : cet or-
gane, qui se déplace, ou au moins qui s'é-
tend à mesure que l'animal prend de l'ac-
croissement, a fourni du côté du support
la même matière soluble qu'il fournissoit à
l'extrémité par laquelle il étoit attaché à la
coquille ; en sorte que quand celle-ci et son
épais support se sont trouvés dans une circonstance propre à les dissoudre, la coquille, ainsi que la place du support, où
le muscle étoit attaché, ont seules disparu,
et le reste de ce dernier s'est conservé
intact.

19.

Les jodamies ou birostrites (Lamck.), ainsi
que les sphérulites, présentent également

des faits très-singuliers dans leur pétrification. Leur têt , ou au moins celui de la valve
inférieure des premiers, que j'ai pu seulement me procurer et observer, et dont la
contexture est analogue à celle des huîtres,
s'est conservé. Un moule intérieur, pétrifié
et libre , se trouve dans cette valve, mais
ne la remplit pas tout entière. Un espace
vide et assez grand se trouve d'un côté, et
cet espace a dû nécessairement être occupé
par un corps qui a disparu après la pétrification du moule.

Quant aux moules intérieurs des sphérulites, ou de coquilles analogues, ils sont encore plus singuliers , en ce qu'indépendam-
ment de deux enfoncemens considérables
qui s'avancent dans ce moule , il se trouve
deux grands trous qui le traversent de part en
part. Enfin il est quelques uns de ces moules
qui sont comme feuilletés. Il semble que
l'intervalle entre chaque feuillet a dû être
rempli par des corps solides et solubles qui
ont disparu depuis la pétrification du moule.
Rien de ce qu'on connoît à l'état vivant ne
peut aider à concevoir quelle a dû être l'or-

ganisation des animaux qui ont laissé de pareils moules.

20.

Nous ne savons si la pétrification qui a
saisi les corps a été rapide : nous pourrions
le supposer en voyant les moules ci-dessus,
qui nous feroient penser que certaines parties molles des animaux auroient été détruites par elle, ou avant son effet, et que
d'autres, comme des muscles plus solides
qui avoient résisté, ont disparu depuis ; mais
il est difficile de former des conjectures sa-
tisfaisantes à cet égard. Ce qui paroît certain,
c'est que dans quelques cas relatifs à ces
moules, la matière molle s'est glissée et pétrifiée dans des vides très-étroits, et que ce
qui les environnoit ayant disparu, il est resté
des lames très-minces.

21.

Les baculites ne se sont présentées jusqu'à présent que dans des couches analogues
à la craie, ou voisines de cette substance,

et où leur têt extrêmement mince a disparu.
Souvent les moules intérieurs de leurs nombreuses cloisons n'adhèrent pas les uns
aux autres ; en sorte que des portions de
cette singulière coquille, composées quelquefois de plus de trente de ces moules qui
se tiennent par leurs parties à queue d'a-
ronde, semblent être articulées. Elles ne
sont jamais tapissées de cristaux comme les
ammonites des couches plus anciennes que
la craie.

D'après les morceaux que je possède, je
pense que quelques unes de ces coquilles
pouvoient avoir près de deux pieds de longueur, et étoient composées de plus de
quatre-vingts cloisons, dont la dernière avoit
plus de six pouces de longueur. Dans la pâte
qui remplit celle-ci, il se trouve une quantité prodigieuse de petites coquilles ou de
débris de polypiers et d'autres corps marins.
Il en est de même des autres cloisons quand
le moule n'est pas parfait, ce qui fait croire
que dans ce cas le têt de la coquille a été
détruit sur l'un de ses côtés ; mais à l'égard
de ceux de ces moules qui sont parfaits dans

leur circonférence, et que l'on peut supposer avoir été formés dans des coquilles
entières, celui de chaque cloison n'est
composé que d'une pâte très-fine sans mélange de corps organisés, le siphon mar-
ginal ayant été trop étroit pour les laisser
passer.

22.

Ces dernières remarques se rapportent
également aux ammonites qu'on rencontre
souvent avec leur têt, mais plus souvent sans
ce dernier. Dans le premier cas, il arrive
fréquemment que la dernière loge se trouve
remplie de la pâte qui forme la couche où
elles ont été déposées, et que les autres loges
sont remplies d'une pâte fine, ou seulement
tapissées de cristaux. L'on voit dans ce cas
que le liquide dans lequel cette couche a été
formée, contenoit deux substances distinctes, savoir : la matière opaque de la
couche et celle qui, s'étant filtrée au travers du têt de la coquille, ou par le siphon,
a formé les cristaux, et fourni la cristallisation qui a durci la couche. On pourroit

2.

penser que les animaux qui habitoient ces coquilles, ou dans lesquels elles étoient contenues, pouvoient vivre dans les eaux qui tenoient en dissolution la substance des cristaux ; car, quand elles ont été abandonnées, elles ne sont tombées ou restées au fond de la mer qu'après avoir été remplies de l'eau qui les environnoit ; et il est difficile de croire que cette eau ait pu en être chassée par une autre qui auroit déposé les cristaux.

23.

Certaines ammonites ayant été remplies par du sable quarzeux, leur moule intérieur s'est trouvé formé de grès, et ce qui est resté du têt a été changé en silex. Celui de certaines coquilles trouvées dans le sable vert de Blackdown en Angleterre, se trouve aussi changé en cette substance. On voit souvent des coquilles saisies par du silex ou des moules intérieurs qui en sont formés ; mais j'ai cru remarquer que le têt des coquilles a été rarement changé en cette substance.

24.

On pourroit croire que la matière qui forme le siphon des ammonites ne seroit pas exactement la même que celle du reste de la coquille; car il a quelquefois résisté , quand les autres parties ont été dissoutes.

25.

On trouve à Saint-Paul-Trois-Châteaux (Drôme), à Folkstone en Angleterre, à Rethel (Ardennes), et dans la montagne Sainte-Catherine près de Rouen, dans des couches de la craie inférieure, des ammonites, dont le têt du dernier tour, après avoir été rempli de la matière qui compose la couche, paroît avoir disparu, tandis que celui des cloisons, le siphon, et tout ce qui étoit intérieur, n'a point été rempli , et s'est conservé; en sorte que dans ces parties l'on voit ces coquilles avec leur têt mince, telles qu'elles étoient quand les mollusques qui les ont formées , les ont abandonnées. Il y a lieu de croire que les eaux dans lesquelles ces coquilles,

ainsi que les baculites, se sont trouvées,
et dont elles ont été remplies, ne contenoient pas de substances propres à former des cristaux, comme dans celles plus
anciennes des environs de Nevers, de Caen
et autres.

26.

A l'égard des ammonites dont le têt a disparu, il n'est resté que le moule intérieur
et le moule en creux de l'extérieur, et très-
ordinairement tous les tours ont été soudés
ensemble après la disparition du têt. C'est
aussi après cette disparition que des vermiculaires qui s'y trouvoient attachés, et qui
n'ont pas disparu avec lui, se trouvent aujourd'hui adhérer sur le moule intérieur.
Pour prouver ce fait et empêcher qu'on ne
puisse croire qu'ils auroient été attachés sur
le moule déjà formé, je pourrois faire voir
des moules intérieurs d'ammonites, dont les
bords plissés de la dernière cloison sont soudés sans aucun intermédiaire, et forment
un tout avec le moule du tour qui leur sert
d'appui.

27.

Les grandes et les petites huîtres fossiles
qui constituent le banc dont les environs de
Paris sont couverts, se sont conservées in-
tactes, avec les balanes, les flustres et les
serpules dont elles sont souvent chargées ;
tandis que les coquilles d'autres genres avec
lesquels elles se trouvent, n'ont laissé que
leur moule, comme on peut le remarquer
à Montmartre, à Fontenai-aux-Roses et
dans d'autres endroits.

28.

Nous avons vu (§. 11) que les bélemnites
ne disparoissoient jamais ; mais il n'en est pas
de même de leurs cloisons qui semblent être
d'une autre substance que la coquille. Elles
se sont conservées dans quelques couches
plus anciennes que la craie ; mais je n'ai
aucun exemple qu'on en ait trouvé dans
cette dernière. Quand elles se sont conservées, elles se présentent, ou totalement
remplies par des cristallisations, ou par une

pâte qui tend à se séparer entre chaque cloison, ou enfin quelques cloisons seulement sont cristallisées, et les autres remplies de pâte fine pétrifiée ; mais, dans aucun cas, la matière qu'elles contiennent n'a de rapport avec la contexture de la singulière coquille dont elles dépendent, et ce qui remplit l'alvéole ne ressemble entièrement à la pâte de la couche, que quand elle en a été remplie après que les cloisons avoient été détruites, soit à cause de leur fragilité ou de leur solubilité.

29.

On peut se demander si les oolithes qu'on rencontre dans les couches à ammonites étoient déjà formés quand les coquilles existoient, ou s'ils se sont formés en même temps que la couche a été pétrifiée. L'état dans lequel on trouve ces coquilles, ainsi que les bélemnites, peut aider à résoudre cette question.

On trouve des ammonites dont les cloisons, et surtout les plus nouvelles, sont

remplies d'oolithes ; mais je n'ai pu m'as-
surer que le têt de ces coquilles étoit parfaitement entier pour celles où ils se trouvoient. On peut soupçonner que ce têt
n'étoit pas entier, vu sa fragilité, puisque
celui de quelques unes qui en sont remplies, et qui ont six pouces de diamètre,
n'est pas beaucoup plus épais qu'une feuille
de papier ; mais dans des espèces dont le
têt est plus épais, et qui sont bien conservées, on ne voit des oolithes que dans
la dernière loge qui est toujours ouverte,
et les autres sont remplies de cristaux.
On peut donc croire, d'après les observations qui précèdent, que les oolithes se
trouvoient faire partie du dépôt où on les
trouve avant que les coquilles fussent remplies ; et, si l'on pouvoit penser qu'ils se
sont formés en même temps que la pétrification a eu lieu, l'on pourroit croire
que le liquide qui a déposé les cristaux
n'en contenoit pas les élémens, ou qu'il
les auroit perdus en se filtrant au travers
du têt, ou en passant par le siphon. Il en
est de même de l'alvéole des bélemnites,
qui se trouve rempli d'oolithes, lorsque les

cloisons ont été détruites, mais dans lequel on n'en trouve jamais quand elles sont entières.

30.

Il y a des oolithes qui diffèrent beaucoup les uns des autres. Dans quelques localités, comme aux environs de Caen et de Bayeux, ils sont ronds ou ovoïdes, et ont souvent jusqu'à un millimètre de diamètre ; leur surface est luisante ; leur couleur est ferrugineuse ; leurs couches sont concentriques ; un petit point d'une couleur plus claire paroît leur servir de centre, et dans quelques uns on croit en remarquer deux. Dans quelques localités des mêmes contrées, ils sont plus petits, aplatis, et quelques uns plus grands se présentent sous différentes formes aplaties. Ces oolithes, d'une forme régulière en général, se rencontrent dans des couches qui, par la conservation des fossiles qu'elles contiennent, paroissent avoir été tranquilles, et semblent différer essentiellement de ceux qu'on rencontre aux environs de Nevers et d'Auxerre. On trouve ces der-

niers dans des couches blanches dont ils
constituent la majeure partie : ils y sont accompagnés de débris de coquilles , de polypiers et d'autres corps marins. Il paroît que
ces dépôts ont été exposés à de grandes tour-
mentes, car il ne reste de certaines coquilles
univalves extrêmement épaisses (des né-
rinés), que des portions fort courtes et
mutilées. On y reconnoît , à leur éclat bril-
lant et spathique, et à leur forme , des restes
de tiges d'encrinites , des morceaux aplatis,
et dont quelques uns qui sont de la grandeur
de l'ongle, paroissent être des débris de coquilles bivalves, mais ils n'en ont pas la contexture ; d'autres , qui sont arrondis, sont
remplis de cristaux à leur centre , le surplus
de la masse est composé d'oolithes de différentes grandeurs , depuis la grosseur d'une
graine de pavot jusqu'à celle d'un petit pois.
Quelques uns plus gros paroissent formés
par une agglomération de plus petits. Le tout
est lié par une cristallisation blanche et trans-
parente.

Ces oolithes sont blancs, et paroissent
avoir été formés par la matière broyée des

coquilles et autres corps marins , dont on
trouve avec eux des débris mutilés. Vu l'état
de désordre dans lequel on les trouve , on
pourroit penser qu'ils n'auroient pas la même
origine que ceux des couches des environs
de Caen et de Bayeux.

31.

Ce que l'on remarque dans certains marbres qui renferment des corps marins , doit
faire penser qu'à plusieurs reprises différentes, ils auroient subi une pétrification.
La première , qui probablement a eu lieu
dans les eaux , auroit formé la couche ordinairement coloriée, qui les entoure dans
toutes leurs parties. Par une raison que nous
ne connoissons pas , cette couche se seroit
fendillée dans tous les sens , brisant les coquilles et autres corps marins qui s'y trouvoient , et laissant un certain intervalle entre
les parties brisées. Une seconde pétrification
ou infiltration spathique et blanche seroit
venue remplir exactement , non seulement
toutes les fentes , mais encore le moule en
creux des coquilles qui avoient disparu ,

comme on le remarque dans certains marbres noirs.

32.

Une troisième pétrification pourroit avoir
eu lieu pour les brèches ; car on trouve,
dans les débris dont elles sont composées,
des morceaux qui paroissent avoir déjà été
divisés et rejoints par une cristallisation
spathique, qui n'a aucune analogie avec
celle qui lie ensemble tous ces morceaux.
Certains marbres paroissent avoir été bri-
sés deux fois dans les mêmes endroits,
puisque la même fente se trouve remplie
de deux infiltrations parallèles, dont l'une
est blanche et l'autre jaune.

33.

Je possède une sorte d'orthocératite à cloisons, qui s'est trouvée dans la couche du
marbre brun de Valognes. Ce fossile est traversé en différens sens par des veines si-
nueuses de spath calcaire d'une demi-ligne
à deux lignes de largeur ; et, ce qui est très-

remarquable , c'est qu'une de ces veines
traverse dans leur diamètre quelques cloisons dont les parties écartées ne répondent
plus les unes devant les autres, comme avant
l'écartement. Ce fait sembleroit prouver
que le corps marin, rempli de pâte, auroit
été fendu depuis sa pétrification ; et que le
spath calcaire seroit venu depuis se cristal-
liser dans la fente ; mais, d'un autre côté,
on ne peut concevoir, d'après ce que nous
voyons de nos jours, comment deux fentes,
comme on en voit sur le même morceau,
auroient pu avoir lieu à une demi-ligne de
distance l'une de l'autre. Comment pouvoir
encore expliquer certaines veines spathiques
à peu près parallèles, et quelquefois très-
rapprochées, qui traversent des morceaux
coquillers que je possède, et qui, sans les
détruire, coupent exactement toutes les
coquilles et autres corps marins dont ces
marbres sont composés? Un simple desse-
chement ne pourroit avoir produit un effet
tel qu'il auroit divisé en petites parties des
coquilles ou des polypiers, comme on en
voit qui le sont. Quelques uns de ces derniers sont même quelquefois fendillés et

remplis de spath , sans que la pâte qui les entoure le soit comme eux. Ces faits ont peut-être encore été trop peu étudiés, et ils méritent bien de l'être.

34.

Il paroît qu'il est plus rare de trouver dans les couches antérieures à la craie des localités où les corps marins, qui ont disparu , ont laissé leur place vide , que dans les couches postérieures à cette substance.

35.

Sans vouloir contester les raisons que les géologues ont pu avoir pour donner aux terrains qui se trouvent postérieurs aux roches primitives , les noms d'intermédiaires ou de transition , de secondaires et de tertiaires , j'ai cru pouvoir faire avec quelque certitude trois coupes différentes de ceux dans lesquels on trouve des corps organisés fossiles ; savoir : les terrains antérieurs à la craie , ceux de la craie , et ceux qui sont postérieurs à la formation de cette substance. C'est de cette manière que j'ai divisé, pour les époques, le tableau des genres des corps organisés que l'on trouve à l'état fossile, et dont il sera question ci-après.

Ce tableau ayant été fait, en très-grande partie, d'après mes études particulières, contient très-probablement beaucoup d'erreurs; mais elles seront rectifiées par ceux qui auront pu recueillir des faits qui ne sont pas parvenus à ma connoissance.

On y verra avec détail que les couches antérieures à la craie renferment quarante-sept genres de polypiers, sept genres d'échinides, cinq genres de crustacés, un genre d'annelides, trois genres de serpulées, un genre de céphalopodes monothalames, un genre de cirrhipèdes, quarante-trois genres de coquilles bivalves, un genre de phyllidiens, quatorze genres de coquilles univalves, dix genres de coquilles cloisonnées, trois genres de corps marins peu connus, trois genres de reptiles, onze genres de poissons et douze genres de végétaux.

Les détails indiquent quels sont ceux de ces genres qui se trouvent encore à l'état vivant, ceux qui se rencontrent dans la craie, et ceux qu'on trouve dans les couches postérieures à cette substance.

36.

Dans les terrains antérieurs à la craie, on trouve des coquilles univalves et des coquilles bivalves dans une proportion dont la différence n'est pas très-remarquable. Dans les couches inférieures de la craie, on trouve encore des coquilles univalves ; mais il n'en est plus de même dans la craie supérieure : là, on ne trouve presque jamais de coquilles univalves uniloculaires, telles que des cérites, des volutes et autres coquilles solubles, et les corps marins qu'on y rencontre appartiennent aux familles qui résistent à la dissolution dans les localités où les autres disparoissent.

37.

Il est extrêmement probable que, dans

la craie supérieure, il existoit des coquilles univalves comme dans les terrains qui l'ont précédée, et qu'elles ont disparu, n'ayant laissé aucune trace, attendu que cette substance n'a pas pris une consistance ou une cristallisation capable d'avoir conservé les formes des coquilles ou autres corps marins qu'elle contenoit, et qui y ont été dissous. On ne peut se refuser à le croire, lorsqu'on y trouve des supports d'hipponices, sans y rencontrer les coquilles qu'ils ont soutenues, et lorsqu'on voit que les huîtres, les valves inférieures des cranies, celles des dianchora, les spirorbes et autres coquilles adhérentes que l'on trouve dans la craie, éloignées de tous autres corps, portent les traces des polypiers et des autres corps testacés marins sur lesquels elles ont adhéré, et qu'on ne retrouve pas ces corps.

Je possède un morceau de la substance crayeuse de la montagne de Saint-Pierre de Maëstricht, qui a eu assez de solidité pour avoir conservé le moule extérieur et le moule intérieur d'une espèce de grosse cérite sur laquelle adhéroient des huîtres.

Le têt de la coquille univalve a disparu, mais celui des huîtres est resté intact.

J'ai encore de pareils exemples de certaines huîtres bien conservées qui proviennent de la couche de sable vert (*green sand*) que l'on trouve en Angleterre au-dessous de la craie. Cette couche est d'une telle consistance, que la forme des coquilles univalves sur lesquelles les huîtres ont adhéré par leur sommet, s'est conservée, quoique leur têt ait disparu.

38.

Dans certaines localités, comme à Nehou (Manche), la craie a pris une telle consistance avant la dissolution des coquilles et autres corps marins qu'elle contenoit, que leur forme s'y trouve aujourd'hui, et l'on y voit avec le *belemnites mucronatus* et autres corps qui caractérisent essentiellement cette substance, une quantité prodigieuse de pétoncles, de baculites, de gervillies, d'ammonites et d'autres coquilles qu'on ne voit jamais dans la craie supérieure des environs

3.

de Paris ; mais il est à remarquer que les coquilles bivalves y sont dans une bien plus grande proportion que les autres.

39.

On trouve attachés sur des morceaux de catillus et sur des spatangues, les restes d'un corps contourné sur lui-même, comme un nautile, et auquel j'ai donné, dans l'Atlas du *Dictionnaire des Sciences naturelles*, le nom de *planosphirite* [1] ; mais on ne retrouve jamais que la partie adhérente et quelques petites portions de celle du têt qui en est voisine. Jusqu'à présent, le reste nous est inconnu, et on ne le connoîtra peut-être jamais si, comme il est probable, il étoit d'une nature soluble.

§. 40.

Les silex que l'on trouve dans la craie ont saisi des coquilles et d'autres corps marins,

---

[1] Par un singulier hasard, ce corps paroît avoir reçu le même nom par M. Parkinson, dans l'ouvrage sur les fossiles, qu'il a publié en 1822.

et les échinides en sont souvent remplis ;
mais il est très-remarquable qu'ils n'ont saisi
que des corps de la classe de ceux qui se
conservent ordinairement.

41.

Quelques auteurs ont annoncé que le silex
que l'on trouve dans les coquilles avoit été
formé par la matière animale qu'elles contenoient ; mais il est aisé d'être convaincu
qu'il ne peut avoir cette origine dans des
échinides qui en sont remplis, et dont l'extérieur est couvert d'huîtres, de cranies et
d'autres corps qui n'ont pu vivre à cette
place qu'après la mort de l'animal sur le
têt duquel on les trouve. Si ces exemples ne
suffisoient pas, j'en ai d'autres qui établissent
que des moules siliceux ont été formés dans
des ananchites, après que l'intérieur du têt
avoit été tapissé par des cristaux de spath
calcaire.

Les moules siliceux de galérites et autres
échinides que l'on trouve à la surface de la
terre, dépourvus de têt, en ont été très-

probablement recouverts pendant leur sé-
jour dans les couches de la craie d'où ils
proviennent; mais il a été détruit quand les
couches ont été lavées et emportées par les
pluies, et qu'ils se sont trouvés exposés à
l'injure des saisons et aux chocs; car dans
les couches crayeuses on ne trouve pas de
moules siliceux sans être accompagnés du
têt dans lequel ils se sont formés.

42.

En frottant avec une brosse un morceau
de la craie de Meudon, après l'avoir mouillé,
il paroît sonore quand il est séché, et l'on
voit qu'il est traversé dans tous les sens par
des veines comme les marbres dont il a été
déjà parlé; mais, dans les morceaux que j'ai
été à portée d'observer, je n'ai pas rencontré de coquilles qui aient pu donner la
preuve, comme dans ces derniers, que les
veines les eussent traversées; l'état dans
lequel on les trouve prouveroit au contraire
que ces veines ne les brisent pas ou ne les
traversent pas.

43.

La craie présente dix-neuf genres de polypiers, deux genres de stellérides, ou plutôt des débris qui peuvent appartenir aux
quatre genres établis dans cette famille,
mais que je n'ai pu distinguer; on y trouve
huit genres d'échinides, deux genres de crustacés, un genre d'annelides, trois genres
de serpulées, vingt-quatre genres de coquilles bivalves, le genre Planospirite peu
connu, dix genres de coquilles cloisonnées,
deux genres de poissons, deux genres de
reptiles, un genre de végétaux, et, ce qui
est bien remarquable pour le petit nombre,
quatre genres de coquilles univalves.

44.

Il paroît que les couches de la craie ne se
sont pas trouvées dans les circonstances
propres à former des marbres; car, à ma
connoissance, on n'y en a point rencontré.

45.

Le silex se présente abondamment dans la craie et dans les couches les plus nouvelles ; mais il est plus rare dans les couches anciennes. Les bois que l'on rencontre dans ces dernières ne sont pas siliceux comme le sont presque tous ceux que l'on trouve dans les nouvelles. Il est assez rare d'en rencontrer à l'état calcaire, et je n'en ai jamais vu qui soient véritablement en cet état.

46.

Je possède deux morceaux calcaires qui, au premier coup d'œil, pourroient être regardés comme du bois fossile ; mais ils ne sont autre chose qu'une agglomération de corps marins ou de leurs moules, parmi lesquels on remarque l'empreinte d'un poisson. Ils portent à l'extérieur des stries longitudinales fines et irrégulières qui représentent assez bien les fibres d'une plante monocotylédone. On peut penser qu'un arbre creux, ou une écorce, ou une plante du genre des bambous, pénétrée par l'eau, se seroit trouvée au fond de la mer et auroit été remplie par du sable coquiller dans lequel il y avoit un ou plusieurs poissons, et qu'une cristallisation ou pétrification auroit saisi tous ces corps ; mais depuis, le têt de celles des coquilles qui étoient solubles a disparu. Il en a été de même des chairs du poisson, dont on ne retrouve que l'empreinte du squelette.

47.

On trouve des restes de poissons fossiles dans les couches les plus anciennes, dans la craie et dans celles qui sont plus nouvelles que cette substance.

48.

Il est assez rare d'en trouver qui soient isolés, et surtout dans le calcaire grossier, où la présence fréquente des osselets calcaires de leur oreille atteste qu'il en existoit quand les eaux de la mer baignoient les couches où on les trouve.

49.

Puisque, dans les couches où il n'y a point eu de cristallisation ou de pétrification, comme à Grignon, on ne rencontre point de squelettes de poissons, et qu'on y rencontre des osselets calcaires qui prouvent qu'il y en avoit, on est fondé à croire que la pétrification a été nécessaire pour la conservation des squelettes que renferment les couches pétrifiées.

50.

Les poissons qui périssent d'une mort non forcée, doivent nécessairement devenir la pâture d'autres poissons ou des crustacés; en sorte qu'il ne doit pas paroître étonnant de n'en pas trouver à l'état fossile dans des lieux où l'on est assuré qu'il en existoit beaucoup.

Il est plus ordinaire d'en trouver un grand nombre dans le même endroit, comme à Monte-Bolca et autres localités, où une

éruption volcanique ou quelque autre révolution subite les a fait mourir tous ensemble.
Dans quelques lieux, leurs restes se présentent couchés à plat, allongés, et avec les
nageoires et la queue étendues. Ces restes
consistent dans les os, les aiguillons et les
écailles, qui sont restés à leur place; dans
d'autres, on les trouve dans une posture
forcée, qui feroit croire qu'ils auroient péri
dans des eaux bouillantes, comme on en a
vu des exemples de nos jours. Enfin, dans
quelques endroits, comme dans le canton
de Glaris, on les trouve aplatis, mais couverts de leurs écailles, sans qu'on puisse
apercevoir leur squelette.

51.

On ne peut mettre en doute que la révolution qui a rassemblé ceux que l'on trouve
à Monte-Bolca, ait été subite, et qu'ils aient
été recouverts quelques instans après leur
mort par le dépôt dans lequel on les observe;
car un de ces poissons fossiles qu'on voit
dans les galeries du Muséum, et qu'on a
cru reconnoître pour un blochius, n'a pas

eu le temps, avant de mourir, d'abandonner un autre poisson qu'il avoit commencé
à avaler.

52.

Dans nos climats, quand un poisson (et
surtout celui qui est muni d'une vésicule
aérienne) meurt en été, il reste au fond de
l'eau pendant deux ou trois jours, ensuite
il monte à la surface avant même qu'il sente
mauvais, et il ne retombe au fond pour ne
plus remonter, que lorsque la putréfaction
désunit les parties qui le constituoient. Bien
certainement s'il s'étoit passé quelques jours
entre la mort du blochius ci-dessus et son
empâtement dans la cristallisation où on l'a
trouvé, il seroit monté à la surface de l'eau,
et il auroit été séparé du poisson qu'il ava-
loit quand il a été surpris par la catastrophe
qui l'a détruit.

Si l'on n'avoit pas cet exemple qui prouve
évidemment la rapidité de cette catastrophe,
on pourroit citer d'autres poissons trouvés dans le même endroit, dans le corps

desquels on voit le squelette de ceux qu'ils avoient avalés. Ils prouveroient qu'ils seroient morts subitement après avoir satisfait leur appétit.

Il ne doit donc pas paroître étonnant de rencontrer si peu de poissons fossiles dans les couches coquillères qui ont été formées dans le fond de la mer et sans catastrophe, et ceux qu'on y trouve ont dû être recouverts peu de temps après leur mort par une couche de sable qui les aura cachés, et qui les aura empêchés de remonter à la surface.

53.

Certaines meulières compactes renferment des coquilles, et dans d'autres on n'en trouve pas; mais il y a lieu de croire que toutes celles qu'on trouve dans des circonstances analogues à celles qui en contiennent, en renfermoient qui ont disparu.

54.

Quelques unes des couches coquillères,

postérieures à la craie, comme celle de Grignon, se présentent sans être pétrifiées, et
avec une foible compacité. Dans d'autres,
comme à Doué, département de Maine et
Loire, et à Saillencourt, département de
Seine et Oise, les coquilles, les polypiers et
les débris d'autres corps marins sont déposés
légèrement les uns sur les autres, et liés par
leurs points de contact avec une cristallisation presque imperceptible, en sorte que la
masse est poreuse et incapable de retenir
les eaux.

A Sainteny, département de la Manche,
une couche semblable présente tous les corps
marins fossiles et leurs débris enduits d'une
légère croûte brune.

55.

Dans les îles Bahama, il se forme de nos
jours une couche pareille à celle de Doué.
Je possède un morceau de cette couche,
dans lequel on reconnoît les débris des coquilles bivalves des mêmes parages avec des
couleurs. Il y a aggrégation des corps qui

la composent, mais il n'y a point de pétrification.

Certains morceaux qui proviennent probablement de la Méditerranée, sont composés d'un calcaire très-dur et caverneux,
qui empâte des valves de petites moules ou
modioles violettes, des vermiculaires ou des
serpules dont l'intérieur est resté vide, et
des débris de ces mêmes testacés. Ces morceaux sont chargés à l'extérieur de polypiers
de différens genres, de serpules, de quelques portions de corail et de valves inférieures de cranies. Comme les débris des
corps marins qui sont contenus dans ces
morceaux ne diffèrent en rien de ceux qui
ne sont pas fossiles, on pourroit croire que
ces pétrifications ne seroient pas aussi anciennes que celles qui se trouvent dans les
couches de la terre. Au surplus, il est très-
remarquable que ces masses ne sont pas
percées par des coquilles ou des animaux
perforans, comme le sont les calcaires anciens qui se trouvent dans la Méditerranée.

56.

Quelques localités présentent des couches
de calcaire grossier, qui ne sont composées
que de miliolites et autres très-petits corps
marins, soit entiers, soit en débris, sans
aucun autre mélange, et presque sans adhérence. On trouve une couche semblable à
Beynes près de Grignon; les couches antérieures à la craie ne présentent rien de
pareil, tant pour la petitesse des corps marins, que pour le défaut d'adhérence des
corps entre eux. Dans le temps qu'elles ont
été formées, les espèces n'étoient pas aussi
nombreuses, et en général il n'y en avoit
pas d'aussi petites.

57.

On remarque, en général, que dans les
couches antérieures à la craie, on trouve les
coquilles bivalves avec leurs deux valves très-
souvent réunies, ou le moule intérieur de
ces deux valves, qui prouve qu'elles l'étoient
au moment de la pétrification, et il n'en

est pas ainsi dans les autres couches, et surtout dans celle du calcaire grossier, où il est
assez rare de trouver les coquilles bivalves
entières, et je ne connois que celui du Plaisantin qui fasse une exception à cet égard.

58.

On a remarqué que les corps organisés
que l'on trouvoit à l'état fossile différoient
d'autant plus de ceux qui vivent aujourd'hui,
qu'ils se trouvoient dans des couches plus
anciennes. Cette remarque se trouve plei-
nement confirmée par la récapitulation de
l'état dont il est parlé. En effet nous voyons
dans cette récapitulation, que sur quatre
cent sept genres que nous présentent les
polypiers, les stellérides, les échinides, les
annelides, les serpulées, les cirrhipèdes et
les coquilles, quatre-vingt-quatorze genres
ne se présentent pas à l'état fossile; cent
quatre-vingt-dix-sept se présentent à l'état
vivant et en même temps à l'état fossile, et
cent quinze fossiles seulement. En réunis-
sant ces deux derniers nombres, et en ob-
servant dans quelles couches on les ren-

contre, on trouve cent trente-un genres
dans les couches les plus anciennes, soixante-
douze dans la craie, et deux cent un dans
les couches postérieures à cette substance.
Si l'on examine dans quelles couches se rencontrent les genres qui se trouvent à l'état
vivant, et en même temps à l'état fossile,
on voit que les plus anciennes en contiennent soixante-cinq, celles de la craie,
quarante, et les plus nouvelles, cent trente-
neuf. Le contraire se remarque relativement aux corps qui ne se rencontrent qu'à
l'état fossile, puisque les plus anciennes
couches contiennent soixante-deux genres,
quand la craie n'en contient que trente-un,
et que les plus nouvelles couches n'en présentent que trente.

59.

On a annoncé qu'on avoit trouvé des
ammonites dans l'argile de Londres, qui
paroît remplacer notre calcaire grossier;
mais nous croyons avec un savant géo-
logue anglois (M. Stokes), que c'est une
erreur.

60.

M. de Humboldt a dit dans son ouvrage
sur l'indépendance des formations (pag. 42),
que parmi les coquilles fossiles, les univalves
dominoient, comme elles dominent encore
aujourd'hui à l'état vivant sous les tropiques.
Sans avoir pu vérifier ce qui a lieu quant
aux espèces et aux individus, voici le résul-
tat que présente le tableau relativement aux
genres. Le nombre des genres des univalves
excède celui des bivalves, savoir : de douze
pour ceux à l'état vivant seulement; de vingt
et un pour ceux qui se trouvent à l'état vivant,
et en même temps à l'état fossile, et de cinq
pour ceux qu'on ne trouve qu'à l'état fossile.
Il est inférieur de dix-sept pour ceux qui se
trouvent dans les couches antérieures à la
craie, et de neuf sur vingt-quatre pour ceux
qui se trouvent dans cette substance ; mais il
redevient supérieur dans ceux qu'on trouve
dans les couches les plus nouvelles, puisque
le nombre des genres des bivalves ne s'élève
qu'à cinquante-deux, tandis que celui des
univalves monte à quatre-vingt-onze.

4.

61.

On croit avoir remarqué qu'à Orglandes
et à Hauteville, département de la Manche,
une couche de calcaire grossier, analogue à
celle de Grignon, se trouvoit placée sous
un terrain de formation crayeuse ; mais cela
ne peut s'être opéré sans une catastrophe
qui auroit déplacé les couches, ou bien, les
couches du terrain crayeux ayant laissé des
espaces vides entre elles, le falun s'y seroit
introduit; autrement, il faudroit abandonner
la belle remarque que M. Cuvier a faite sur
l'analogie toujours croissante qui existe entre
les êtres qui vivent aujourd'hui, et ceux
qu'on rencontre dans les couches à mesure
qu'elles sont plus nouvelles.

Les falunières d'Orglandes et de Hauteville renferment une grande quantité de
genres qui se trouvent aujourd'hui à l'état
vivant, et qui n'ont aucune analogie avec
les fossiles de la craie, ni avec ceux qui sont
plus anciens. Si cette dernière, qui renferme
des ammonites et des bélemnites, étoit plus

nouvelle que les falunières, comment pour-
roit-il se faire que des coquilles de ces genres
ne se fussent jamais rencontrées dans les
falunières, puisqu'elles n'ont disparu que
dans la craie ? Il paroît au contraire qu'on
a toutes sortes de raisons de croire que les
débris des êtres que renferment les falunières, sont d'une époque plus récente que
cette dernière.

62.

Nous ne savons ce qui arriveroit si quelques genres des animaux existans aujourd'hui
venoient à s'éteindre ; mais cependant nous
pouvons soupçonner qu'il surviendroit un
événement très-remarquable pour les insectes et les poissons s'ils n'étoient plus dé-
vorés par les hirondelles et par les squales.
Comme nous sommes certains qu'un très-
grand nombre de genres que l'on trouve à
l'état fossile, ne se présente plus à l'état vivant, nous pouvons conjecturer qu'après
leur disparition, il s'est opéré quelques
changemens dans les êtres qui vivoient alors,
mais nous ne pourrons jamais les apprécier ;

nous voyons seulement que le nombre des genres a augmenté dans la couche du calcaire grossier.

63.

On a annoncé que dans cette couche (à Grignon), on trouve plus de genres et d'espèces qu'on ne pourroit en trouver sur une de nos côtes ; cela peut être vrai à cause du climat tempéré dans lequel nous nous trouvons ; mais je ne doute pas qu'entre les tropiques, où les mers contiennent une bien plus grande quantité de mollusques, il ne se trouve des côtes ou des fonds de mer aussi riches en débris de corps marins testacés que la couche de Grignon, et l'on ne peut douter que cette dernière n'ait été formée dans un climat analogue à ces contrées. Les nautiles et beaucoup d'autres genres fossiles de cette localité, qu'on ne trouve vivans que dans les pays chauds, en établissent la presque certitude.

64.

Je n'ai pu reconnoître de différence remarquable entre les fossiles de l'Europe et ceux de l'Amérique que j'ai pu voir. On trouve à l'embouchure de la rivière des Alléghanys, et sur les bords de celle des Mohawk près Utica, Etat de New-Yorck, des trilobites, des encrinites, des térébratules et d'autres coquilles qui doivent provenir de couches très-anciennes, dans lesquelles il y a eu disparition du têt. Un morceau de grès provenant du sommet des monts Alléghanys, et rapporté par M. Michaux, est rempli de moules intérieurs, de débris de tiges d'encrinites. Au-delà de la rivière du Genessée, en allant au saut du Niagara, on trouve des moules intérieurs siliceux de coquilles, tant univalves que bivalves, que l'on peut soupçonner appartenir au calcaire grossier; mais je possède un morceau rapporté de la Virginie, qui paroît provenir d'une couche de calcaire grossier; il renferme des pétoncles, des arches, des mactres, des solens liés avec un sable grossier et quarzeux. Ces co-

quilles ne diffèrent presque en rien des
mêmes espèces provenantes de la même
couche de nos pays.

On trouve, dans la Caroline du Nord, des
natices, de grandes pernes (*perna maxil-
lata*), des vénéricardes, des huîtres, des
peignes, et d'autres coquilles qui ont beaucoup de rapports avec des espèces pareilles
que l'on rencontre dans le Plaisantin. Ces
coquilles sont libres, remplies d'un sable
jaune quarzeux, et paroissent dépendre du
calcaire grossier ou d'autres couches moins
anciennes que la craie ; mais je n'ai vu aucun
fossile provenant du nouveau continent, qui
puisse se rapporter aux couches de cette dernière substance.

65.

Dans le calcaire grossier, qui est bien certainement un dépôt marin, on rencontre
des coquilles dont les genres ne se trouvent
plus à l'état vivant que dans les eaux douces,
tels sont ceux des ampullaires ou ampullines,
des mélanies et des cyclostomes; et ces genres,

à l'exception du dernier, ne se trouvent aujourd'hui que dans des climats plus chauds que celui que nous habitons. A l'égard du climat, tout étonne et rien ne s'explique dans les fossiles. Il en est à peu près de même relativement aux genres qui vivoient autrefois dans la mer, et qu'on ne trouve plus que dans les eaux douces, à moins qu'on ne puisse admettre le degré différent de salure de la mer, qui paroît devoir évidemment être plus considérable aujourd'hui qu'avant le très-grand nombre de siècles qui se sont écoulés depuis qu'elle occupoit nos continens, et pendant lesquels les fleuves et les rivières y ont porté et y portent sans cesse des sels qui n'en sortent plus. Si l'on peut admettre que la mer ayant été moins salée, auroit permis à certains genres de vivre dans ses eaux, il faut admettre aussi que ceux des genres qui y vivent aujourd'hui, et qui y existoient déjà à l'époque de la formation du calcaire grossier, ont pu supporter depuis un plus haut degré de salure, et l'un n'est pas plus aisé à concevoir que l'autre.

66.

Au surplus il n'est point de caractères précis qui puissent servir à distinguer les coquilles marines et les coquilles d'eau douce ; ce qui fixe ordinairement le jugement pour ces dernières, c'est l'identité reconnue de certains genres ou espèces qu'on n'a jamais rencontrés à l'état vivant que dans les eaux douces, et qui n'ont jamais été trouvés fossiles dans des dépôts marins.

67.

Les dépouilles fossiles ont plus ou moins d'analogie avec ce qui existe vivant aujourd'hui, et cette analogie est plus ou moins facile à constater.

On distingue aisément la contexture des bois fossiles de la famille des arbres monocotylédons, de celle des dicotylédons ; mais il n'en est pas de même des genres. Cette difficulté de les distinguer provient peut-être de ce que jusqu'à présent l'on n'a point assez étudié la contexture des bois à l'état vivant.

L'étude des tiges , des feuilles et des fruits fossiles a conduit à reconnoître beaucoup de genres qui viennent d'être signalés par un jeune savant (M. Ad. Brongniart), qui doit porter un jour de grandes lumières dans cette partie ; mais il est beaucoup de débris de végétaux qu'on n'a pu jusqu'à présent rapporter à ce qu'on connoît à l'état vivant.

68.

Si quelques classes d'animaux présentent plus de facilité dans leur étude sous l'état fossile , il en est d'autres qui offrent beaucoup de difficultés. Les insectes qui sont faciles à reconnoître dans le succin , sont presque méconnoissables dans la pierre.

69.

Les longs travaux d'un illustre anatomiste nous ont fait connoître une grande quantité d'espèces de cétacés, de reptiles, d'oiseaux et de mammifères dont plusieurs genres ont disparu de la surface du globe, et n'ont peut-être jamais été connus à l'état vivant par les hommes ; mais on n'a jamais rien trouvé qui puisse se rapporter à ces derniers, ni même aux quadrumanes, et jusqu'à présent ce n'est que dans les couches plus nouvelles que celle du calcaire grossier, qu'on a trouvé des restes fossiles de mammifères.

70.

Les poissons étant en grande partie composés d'organes mous, qui ont été détruits avant que la pétrification ait pu les saisir, il n'est resté souvent que leur squelette, leurs écailles ou leur empreinte. Ces restes peuvent conduire quelquefois à reconnoître le genre, mais rarement l'espèce.

71.

Il n'en est pas ainsi du têt des animaux aquatiques ou terrestres, qui s'est souvent conservé intact dans les sables ou dans les roches, ou qui n'a disparu de ces dernières qu'après avoir laissé la trace de ses formes intérieures et extérieures.

Cette conservation permet de reconnoître les genres et les espèces, et d'apprécier le degré d'analogie qu'ils peuvent avoir avec ce qui existe aujourd'hui à l'état vivant ; mais il est difficile, en général, de porter des jugemens certains à cet égard ; pour y parvenir, il faudroit être fixé sur ce qui constitue l'espèce, et connoître la ligne de démarcation entre cette dernière et la variété, s'il en existe une.

72.

Les observations nous ont démontré, relativement au têt des animaux qui en sont pourvus, qu'il existe souvent des différences très-sensibles, 1.° entre des individus de la même espèce, pris dans la même localité ; 2.° et entre les mêmes espèces prises dans des localités différentes, soit à l'état vivant ou à l'état fossile.

Ces différences consistent dans la grandeur, dans l'absence ou la présence, ou le nombre des côtes, des tubercules, ou des stries, ou plutôt dans quelques localités, ces caractères sont à peine visibles, tandis que dans d'autres ils sont quelquefois très-marqués.

Il y a des différences sensibles entre le *cardium rusticum*, pris sur différentes côtes, telles que celles de la Rochelle, celles de Cherbourg, celles de Normandie et celles de Dunkerque.

Il en est de même des fossiles. Je possède une espèce (le *pleurotama dentata*), prise dans dix localités différentes, et qui varie dans ses formes suivant les localités. Il est, en général, beaucoup plus long et moins gros dans le Plaisantin que dans les environs de Paris.

73.

Parmi les coquilles à l'état vivant, beaucoup d'espèces n'étant distinguées qu'à cause de leurs couleurs, et ce caractère manquant dans les fossiles, ces derniers doivent présenter et présentent en effet beaucoup moins d'espèces dans certains genres, comme dans les cônes, les olives, les porcelaines, etc.

74.

On est forcé de reconnoître l'identité de certaines espèces fossiles avec les vivantes. Dans d'autres cas on ne trouve que de l'analogie ; enfin il en est où ces rapports sont encore plus éloignés. Pour exprimer ces trois circonstances, je me suis servi des mots *identique*, *analogue* et *subanalogue* dans les observations consignées dans le tableau qui termine ce travail.

75.

A l'exception d'un trochus et de deux ou trois espèces de térébratules qui proviennent des couches antérieures à la craie, et qui ont de l'analogie avec des espèces qui vivent aujourd'hui, et encore d'une espèce de ce dernier genre qu'on trouve dans cette substance, et qui paroît être identique avec la *terebratula vitrea*. Ce n'est que dans les couches plus nouvelles que la craie, que l'on observe l'identité ou l'analogie.

76.

Il y a sans doute un beaucoup plus grand nombre d'analogues et d'espèces identiques que je n'en ai signalé dans l'état ; car je n'ai dressé cet état en très-grande partie, que sur les pièces de mes collections ; et la comparaison de plusieurs milliers d'espèces, est un travail si considérable que je ne doute pas qu'il ne me soit échappé beaucoup de ces analogues.

77.

Ce qui est bien remarquable, c'est que le plus grand nombre d'espèces identiques ou analogues se trouve dans les couches du Plaisantin et de l'Italie, puisque sur deux cent quarante que porte l'état, on y en trouve cent soixante, et dans ce nombre cent trente-neuf ont été signalées comme telles par

M. Brocchi. N'ayant pas été à portée de voir tous les analogues qu'il a cités, je ne doute pas que parmi eux il ne se trouve beaucoup d'espèces identiques ; mais je crois que cet estimable savant a placé les limites de l'identité et de l'analogie plus loin que je ne l'ai fait.

78.

La couche de grès marin supérieur des environs de Paris, paroît renfermer un moins grand nombre d'espèces de corps marins fossiles, que celle du calcaire grossier, quoique dans la première on trouve quelques espèces qu'on ne rencontre pas dans l'autre. Quelques unes, provenant des deux couches, paroissent identiques ; mais la presque totalité ne présente que de l'analogie, puisque, sur cinquante espèces prises dans le grès supérieur, je n'en ai trouvé que trois qui ressemblassent parfaitement à celles du calcaire grossier. Dans ce dernier, certaines espèces sont plus grandes, et d'autres sont plus petites que dans le premier ; et, dans celui-ci, ces différentes dimensions appartiennent à d'autres espèces. Enfin quelques espèces, qui sont fort communes dans le calcaire grossier, se trouvent très-rarement dans le grès marin supérieur.

Le fuseau bulbiforme que l'on trouve à Grignon, paroît se trouver aussi dans la couche de grès supérieur des environs de la Chapelle et de Louvres , département de Seine et Oise ; mais il est tellement modifié dans cette dernière , qu'il a été rangé dans le genre Pyrule , avant de savoir que cette modification pouvoit provenir de l'influence d'une couche qui n'étoit point identique avec celle de Grignon. Dans ce dernier endroit on ne trouve pas cette pyrule, et dans les autres on ne trouve pas ce fuseau. Les travaux de MM. Brongniart et Cuvier n'avoient pas encore appris à distinguer ces couches, quand le savant auteur du système des animaux sans vertèbres , classa ces coquilles qui ont toujours embarrassé ceux qui possèdent des collections de fossiles des environs de Paris. Cette espèce se trouve aussi en Angleterre dans le Hampshire , mais avec des formes encore différentes.

79.

En prenant les environs de Paris pour
centre, je crois avoir remarqué que les
genres et les espèces qu'on trouve dans le
calcaire grossier, ont une tendance à l'analogie avec ceux d'Italie, en les suivant par
l'Anjou, la Touraine ¹ et les environs de
Bordeaux, et que de même on étoit conduit
pour certains fossiles d'Angleterre, par ceux
que l'on trouve dans le département de l'Oise,
où un naturaliste distingué (M. Graves) en
a découvert plus de cent soixante localités.

80.

Beaucoup de genres que l'on trouve fossiles dans nos pays, non seulement ne se
rencontrent pas à l'état vivant dans les mers
ou les eaux de nos climats, mais encore ne
se trouvent en grande partie que dans les

¹ On trouve dans ces deux derniers endroits plusieurs espèces
qu'on ne rencontre pas aux environs de Paris, et qui ne diffèrent de celles de Bordeaux et de l'Italie que parce qu'elles
sont plus petites.

5.

régions équatoriales : tels sont les genres
Disticopore, Tubipore, Sarcinule, Fongie,
Méandrine, Monticulaire, Astrée, Pocillo-
pore, Madrépore, Oculine, Isis, Encrine,
Clypéastre, Cassidule, Siliquaire, Fistu-
lane, Crassatelle, Erycine, Corbeille, Cy-
rène, Cypricarde, Cucullée, Trigonie,
Perne, Pintadine, Lime, Plicatule, Parmo-
phore, Crépidule, Mélanie, Mélanopside,
Ampullaire, Nérite, Pyramidelle, Vermet,
Dauphinule, Pleurotome, Cancellaire, Fas-
ciolaire ? Pyrule, Struthiolaire ? Strombe,
Licorne, Harpe, Vis ? Colombelle, Mitre,
Volute, Marginelle, Volvaire, Tarière,
Ancillaire, Olive, Cône, Spirule, Sidéro-
lite, Nautile, et le genre Porcelaine, quoique dans nos mers on trouve une très-petite
espèce qui en dépende.

81.

Le nombre des genres qui se trouvent à
l'état fossile est supérieur à ceux à l'état vivant dans les polypiers, les échinides, les
annelides, les tubicolées, les coquilles bivalves et les coquilles cloisonnées, et il se

trouve inférieur dans les serpulées, les cirrhipèdes, les ptéropodes, les phyllidiens,
les coquilles univalves et les hétéropodes.

82.

Le nombre des genres des crustacés qu'on
a trouvés fossiles, n'étant à peu près que le
tiers de ceux qui vivent aujourd'hui, on peut
croire que ce dernier se seroit augmenté
depuis les révolutions qui ont enfoui les
restes de ceux que l'on trouve fossiles.

83.

Malgré le nombre plus considérable de
quelques familles de corps organisés marins
que l'on trouve fossiles, on peut croire que
celui de ces corps qui existent aujourd'hui,
est plus grand qu'il n'ait été à aucune autre
époque, attendu que celle où nous vivons
est unique, tandis que les fossiles proviennent de plusieurs époques successives.

84.

Les ammonites se rencontrant en Europe, dans l'Amérique, dans l'Inde et (suivant M. Lamarck) dans tous les pays, présentent un genre qui a pu vivre sous tous les climats, si les climats étoient distribués autrefois sur la terre comme ils le sont aujourd'hui, ou, dans le cas contraire, qui pourroit faire croire que par toute la terre, la température étoit la même, ou encore que successivement elle auroit pu changer.

85.

Les nautiles et les spirules étant, parmi les genres qui vivent aujourd'hui, ceux qui ont le plus d'analogie avec les ammonites, et ne vivant que dans des climats dont la température est très-élevée, on peut penser que celle dans laquelle ont vécu les ammonites, étoit semblable. Si la présence des ammonites dans les régions polaires, pouvoit faire croire que dans ces lieux la température étoit élevée au point où elle l'est aujourd'hui dans les régions équinoxiales, comme on ne voit rien qui puisse empêcher de croire que celle de ces dernières régions étoit augmentée de la quantité relative de chaleur qu'elles éprouvent aujourd'hui, on peut penser qu'elles n'étoient pas habitables.

S'il en étoit ainsi au premier âge du monde, et que, depuis, le globe se soit refroidi, la vie a dû commencer par les pôles; et s'il se refroidissoit toujours davantage, ces régions deviendroient désertes les premières.

La présence dans le nord des restes d'animaux et de végétaux qui ne pourroient, à cause du climat, y vivre aujourd'hui, pourroit nous conduire à soupçonner qu'il auroit pu en être arrivé ainsi; mais une telle conjecture auroit besoin d'être appuyée par un plus grand nombre de faits.

86.

Il est certains genres (les huîtres, les moules et autres) qu'on rencontre à l'état fossile dans tous les pays, comme les ammonites ; mais la conséquence qu'on en peut déduire ne pourroit être la même que pour les nautiles et les spirules , auxquels nous assimilons les ammonites, attendu que les huîtres et les moules se rencontrent à à l'état vivant dans tous les climats.

87.

Les espèces identiques sur différens points éloignés les uns des autres, sont rares parmi les coquilles fossiles , surtout si , pour être identiques , elles doivent être parfaitement semblables, et je ne connois à cet égard qu'un véritable exemple présenté par le *bulimus terebellatus* que l'on trouve à Grignon tout-à-fait pareil à celui qui a été recueilli dans le Plaisantin. Il est d'autres espèces, comme l'*auricula ringens* qu'on trouve dans les couches postérieures à la craie en Angleterre , aux environs de Paris , dans la Touraine , aux environs de Bordeaux et en Italie ; mais cette espèce est plutôt analogue qu'identique pour chacune de ces localités. Cependant, ayant égard à la modification qu'éprouvent en général toutes les espèces prises

dans des localités différentes, on est fondé
à les regarder comme identiques ; et nous
n'avons jamais vu qu'aucune des espèces
trouvées dans les couches postérieures à la
craie, pénétrât au-dessous du calcaire grossier.

88.

Au-dessus de toutes les couches, soit marines ou d'eau douce, qui paroissent avoir
été déposées dans des eaux plus ou moins
tranquilles, on en trouve une autre qui se
présente aux environs de Paris dans les bassins de la Seine, de la Marne, de l'Oise, de
la Loire, et sans doute de beaucoup d'autres
fleuves et rivières, et dans laquelle on rencontre des débris de toutes les autres couches
mêlés avec des ossemens de mammifères terrestres et de cétacés.

89.

Cette couche, qui se montre immédia-
tement sous la terre végétale, et même quelquefois à la surface du terrain, n'est pas pé-

trifiée : elle offre cependant (dans la plaine de Grenelle) des agglomérats siliceux, que l'on trouve assez profondément. Son épaisseur varie, et probablement suivant la situation plus ou moins élevée du terrain sur lequel elle repose. On la voit commencer sur la route d'Orléans près du Grand-Montrouge, par quelques pouces d'épaisseur, et aller en augmentant jusqu'à plus de dix-huit pieds dans la plaine de Grenelle près de Vaugirard. Ensuite elle s'étend en remontant vers le nord de l'autre côté du bassin, jusqu'à la forêt de Saint-Germain.

90.

Ce qui se présente depuis cette forêt jusqu'à Montrouge, prouve que des eaux ont rempli cet espace; et elles ne pouvoient le remplir sans qu'il en fût de même à de grandes distances à l'est et à l'ouest dans le bassin dont la Seine occupe les lieux les plus bas; et on ne peut douter qu'il n'en fût ainsi pour les bassins de la Marne et de l'Oise, puisqu'une pareille couche les couvre.

91.

Il est extrêmement probable que ces bassins étoient déjà formés quand ils ont été remplis d'eau par l'événement qui y a déposé la couche, comme il l'est également qu'ils étoient plus grands et plus profonds, puisqu'il y a déposé une couche dont l'épaisseur, dans quelques endroits, est de plus de dix-huit pieds; à moins qu'on ne pût supposer que dans le commencement de l'irruption, les eaux n'eussent eu la faculté d'enlever quelques parties des couches sur lesquelles elles auroient coulé, et qu'elles auroient remplacées par les corps que le torrent charrioit quand il a diminué d'intensité. Cette supposition pourroit prendre quelque degré de probabilité, quand on voit que tous ces corps sont étrangers au lieu où ils ont été déposés, et que près du pont de Sèvres on voit des blocs de poudingues ayant jusqu'à trente-six pieds cubes, et qui ont été arrachés à des couches sans doute très-éloignées, puisqu'on n'en connoît pas de pareilles aux environs de Paris.

92.

La presque totalité des corps déposés est ou quarzeuse, ou siliceuse ; les morceaux calcaires ont sans doute été broyés. On y trouve quelques coquilles fossiles et calcaires dépendant de la couche du calcaire coquiller grossier, et étrangères aux couches des environs de Paris ; mais elles sont usées et mutilées. On y rencontre des morceaux de bois siliceux, et beaucoup de corps enlevés aux couches de la craie.

93.

Les eaux qui charrioient des masses énormes de rochers dans cette vallée, et qui déposoient des cailloux roulés jusqu'à la hauteur de Montrouge et à celle de la forêt de Saint-Germain, devoient être bien élevées au-dessus de ces lieux, pour avoir eu la faculté d'y faire ce dépôt.

94.

On ne peut douter qu'un courant, qui ne peut être ni apprécié ni comparé, n'ait déposé cette couche. On pourroit plutôt élever des doutes sur sa direction; mais il y a tout lieu de croire qu'il étoit dirigé dans le sens du cours actuel de la Seine.

95.

Le volume d'eau étoit si considérable que la pente du terrain qui fait couler la Seine dans le sens où elle coule aujourd'hui, ne pourroit peut-être pas suffire pour établir cette conjecture ; mais les morceaux de granite rouge que j'ai trouvés dans cette couche à Issy et dans le bois de Boulogne, et qu'on trouve aussi dans les bassins de l'Oise et de la Marne (Monnet), et qu'on croit reconnoître pour avoir été détachés de celles de la Bourgogne (Avalon), font penser que le torrent venoit de ce côté plutôt que de celui de la Normandie, où l'on ne trouve point de granite semblable.

96.

Les cailloux arrondis que l'on trouve sur les bords de la mer, ont été forcés de prendre cette forme par le retour périodique du flux et du reflux qui peut les rouler pendant long-temps à la même place; mais il n'en est pas de même de ceux de cette couche qui ont été usés et arrondis en roulant ensemble dans le sens du torrent, et en s'éloignant toujours davantage du lieu où il les avoit saisis.

97.

Le sable qui tapisse le fond de la Seine aujourd'hui est composé, comme celui de la plaine de Grenelle, de petits morceaux de granite ou de quarz, qui sont restés anguleux à cause de leur dureté, et de débris arrondis de substances calcaires, qui font croire qu'il dépend encore de la couche apportée dans le bassin par le torrent. Il est extrêmement probable que ce sable descend toujours davantage, puisqu'on en peut retirer de nouveau dans les endroits où il paroissoit avoir été épuisé.

98.

Quand l'eau se trouvoit au-dessus de la hauteur de Montrouge, il est hors de doute qu'elle couvroit une étendue bien considérable de terrain à droite et à gauche du cours de la Seine, et surtout dans les vallons dans lesquels coulent les rivières ou les ruisseaux qu'elle reçoit; mais l'absence de tout dépôt roulé hors de la limite de Montrouge, m'a convaincu que le torrent ne la dépassoit pas, et que les eaux répandues dans les vallons étoient à peu près tranquilles. C'est sans doute à ces eaux tranquilles qui déposoient les parties les plus ténues des terres et des autres corps charriés par le torrent qu'elles tenoient suspendues, qu'on doit les couches considérables de terre franche, qui couvrent les environs de Sceaux, de Bagneux, d'Arcueil, de Chatenay, et probablement de tous les endroits où leur tranquillité permettoit de faire ce dépôt.

99.

Si les eaux du torrent eussent été si élevées qu'elles eussent recouvert toutes les
hauteurs des environs de Paris, il se seroit
établi au-dessus d'elles un courant qui auroit dû transporter des cailloux roulés au-
delà de Montrouge, et jusques dans le vallon de la rivière de Bièvre de ce côté. Il
auroit emporté la totalité des dépôts marins
de sable quarzeux et fin, qui couvrent le
sommet des collines des environs, et dont
elles sont quelquefois même composées,
comme celles du Plessis-Piquet ; enfin il
n'auroit pas permis le dépôt des matières
fines qui composent la terre franche. On
pourroit pourtant croire qu'elles étoient
assez hautes pour avoir formé, en se retirant, les ravins que l'on voit dans ces dépôts
de sable.

100.

Ce que l'on remarque au midi de Fontenai-aux-Roses, pourroit faire croire qu'une

grande partie de certaines collines escarpées auroit été emportée par des eaux qui n'auroient pas eu un courant au-dessus d'elles. Le fond du vallon est couvert d'une couche épaisse de terre franche ; en montant à la fontaine des moulins, on voit de chaque côté du chemin le banc d'huîtres qui suit le mouvement du terrain , et qui étoit déjà en pente quand elles vivoient dans cet endroit; en montant au haut de la colline, on trouve sous la terre végétale le sable quarzeux disposé en couches horizontales qui n'auroient pu avoir cette disposition , si la vallée n'en avoit été remplie , au moins en partie, quand le dépôt a eu lieu.

Quant à la disparition de ces sables , que j'ai cru pouvoir être attribuée aux eaux qui ont couvert ces endroits, lorsque la vallée dans laquelle coule la Seine étoit remplie , on pourroit également la rapporter aux eaux qui les ont déposés , et qui les auroient emportés en partie , quand elles se sont retirées.

6

101.

Le dépôt des matières ténues qui composent la terre franche, paroît être un des derniers aux environs de Paris; et il semble que depuis cette époque cette substance ne se seroit pas rencontrée dans une circonstance propre à être cristallisée, car, à ma connoissance, on n'en a pas trouvé à l'état de cristallisation dans ces environs.

102.

Je suis porté à croire que toutes les couches de terre franche seroient dues à quelque torrent qui auroit fourni des eaux troubles, mais détournées, et à peu près tranquilles, qui auroient fait ces dépôts. Il seroit à désirer que, par des observations ultérieures sur la position des couches de cailloux roulés que l'on trouve dans un si grand nombre de lieux, on pût savoir si tous les dépôts de terre franche auroient été fournis par les torrens qui ont déposé les cailloux roulés.

RÉSUMÉ GÉNÉRAL.

Les animaux qu'on trouve dans les plus anciennes couches , ont vécu dans les eaux , et ils étoient en général bien différens pour les genres et les espèces de ceux qui vivent aujourd'hui.

Si l'on peut douter que les substances primitives aient été cristallisées dans les eaux , il n'en est pas de même de celles qui contiennent des corps organisés.

Il paroît qu'il ne se forme pas aujourd'hui des pétrifications comme autrefois.

Dans le dépôt des phyllades , il auroit pu exister d'autres animaux que ceux dont on y trouve aujourd'hui les débris, attendu qu'à l'époque où les trilobites existoient, il vivoit à Dudley et dans d'autres endroits une grande quantité de genres et d'espèces d'animaux marins.

L'absence de ces derniers , dans certaines

6.

couches de phyllades, est peut-être la seule
cause que quelques unes ont été rangées
dans celles qui sont primitives.

Le têt de certaines familles de mollusques, comme les huîtres, ne disparoît jamais, et celui de certaines autres, comme
les volutes, disparoît presque partout où il
y a eu pétrification.

Le têt des animaux qui adhèrent se con-
serve en général mieux que les autres.

Celui des stellérides et des échinides, en
passant à l'état fossile, se change en spath
calcaire, et ne disparoît pas dans les localités où il y a eu disparition.

Dans certaines localités antérieures à la
craie, le têt de certaines coquilles est changé
en cristaux.

Les bélemnites ne disparoissent pas, et
elles sont cristallisées en une substance calcaire qui rayonne du centre à la circonférence.

Elles étoient d'une matière solide avant de passer à l'état fossile.

Le têt des mollusques n'a disparu qu'après que le liquide dans lequel il a été plongé a subi une cristallisation.

Les hipponices disparoissent quelquefois, mais leur support ne disparoît jamais.

Les jodamies ou birostrites, et d'autres coquilles, ont été remplies par une pétrification ou cristallisation ; mais depuis, des parties de l'intérieur, qui s'étoient conservées, ont disparu et laissé des vides, ce qui pourroit faire croire que la pétrification avoit saisi les corps rapidement.

Les baculites ne se sont jamais présentées avec leur têt : elles pouvoient avoir près de deux pieds de longueur ; le nombre de leurs cloisons pouvoit s'élever jusqu'à quatre-vingts, et elles ne sont jamais tapissées de cristaux comme les ammonites.

Les ammonites se rencontrent souvent

avec leur têt, mais plus souvent sans ce
dernier.

Leurs cloisons sont remplies de pâte, ou
quelquefois tapissées de cristaux, ce qui
prouveroit que le liquide dans lequel la couche où on les trouve contenoit deux substances distinctes : savoir la matière opaque
de la couche, et celle qui a formé les cristaux.

Le moule intérieur de quelques ammonites est composé de grès, et le têt a été
changé en silex.

Certaines coquilles trouvées en Angleterre
ont été changées en cette substance ; mais
ce fait est assez rare.

On trouve à Rethel et dans quelques autres
endroits, dans la craie inférieure, des ammonites dont le tour extérieur seulement est
pétrifié, et les autres tours sont vides, laissant voir le têt des cloisons et le siphon.

Des vermiculaires, qui adhéroient sur le

têt de certaines ammonites, et qui a disparu, se trouvent adhérer sur le moule.

Les huîtres du banc qui couvre les environs de Paris, se sont conservées avec les balanes, les flustres et les serpules qui les couvrent ; et d'autres coquilles avec lesquelles elles ont vécu, n'ont laissé que leur moule.

Les cloisons des bélemnites sont d'une substance différente de celle de la coquille.

Il paroît que les oolithes qu'on trouve dans les couches à cornes d'ammon, étoient formés avant la pétrification de la couche.

Certains oolithes paroissent être formés par la substance broyée du têt des coquilles, ou autres corps testacés.

Ce que l'on remarque dans certains marbres prouveroit qu'ils auroient subi jusqu'à trois pétrifications successives.

Dans les terrains antérieurs à la craie, la

proportion entre les coquilles univalves, et les coquilles bivalves, n'est pas très-remarquable ; mais la craie supérieure ne présente presque point de coquilles univalves uniloculaires, et les corps marins qu'on y rencontre, appartiennent aux familles qui ne disparoissent pas dans les localités où les autres ont été dissoutes.

Il est probable que dans la craie supérieure, il y a eu des coquilles univalves qui ont disparu.

Les corps marins que les silex ont saisis dans cette substance, sont de la classe de ceux qui ne disparoissent pas.

Ce n'est qu'après la mort de l'animal, et quand la coquille étoit vide, que le silex s'y est introduit.

Les moules siliceux des échinides que l'on trouve à la surface de la terre dépourvus de leur têt, en ont été probablement couverts, quand ils se trouvoient dans les couches de craie.

La craie ne s'est pas trouvée propre à la formation du marbre.

Les bois passent presque toujours à l'état siliceux, et il est rare d'en trouver qui soient calcaires.

On trouve des poissons fossiles dans les couches antérieures à la craie, dans cette substance et dans celles qui sont postérieures.

Quoiqu'on ait la preuve qu'il en existoit dans le calcaire grossier, il est rare qu'on y en trouve.

Une révolution subite et locale a dû laisser ceux qu'on trouve rassemblés en grand nombre, comme à Monte-Bolca.

Il y a lieu de croire que toutes les meulières compactes que l'on trouve dans des circonstances analogues à celles qui contiennent des coquilles, en ont contenu qui ont disparu.

Certaines couches se présentent sans être

pétrifiées , comme à Grignon , à Doué et dans d'autres endroits.

Les couches antérieures à la craie ne présentent pas en général des espèces aussi petites et aussi nombreuses que celles postérieures à cette substance.

Les coquilles bivalves des anciennes couches ont plus souvent leurs deux valves réunies que celles des couches postérieures à la craie.

Le nombre des genres des univalves excède celui des bivalves, excepté pour ceux qui se trouvent dans les couches antérieures à la craie et dans cette dernière substance.

Si une couche de calcaire grossier a pu se trouver placée sous un terrain crayeux, cela n'a pu arriver que par une catastrophe , ou bien le falun se seroit introduit dans des espaces vides sous ce terrain.

Les nautiles et d'autres genres qu'on

trouve dans le calcaire grossier, prouveroient qu'il a été formé dans des climats
analogues à ceux des tropiques, où les corps
marins peuvent être aussi nombreux en
genres et en espèces qu'à Grignon.

Les fossiles d'Europe ne sont pas différens, en général, de ceux de l'Amérique,
et il paroît que dans la Virginie il existe une
couche de calcaire grossier.

On trouve dans ce dernier des genres
qu'on ne rencontre plus à l'état vivant que
dans les eaux douces.

On distingue assez aisément les bois fossiles de la famille des arbres monocotylédons, de ceux des dicotylédons ; mais il
n'en est pas de même des genres.

Les insectes se reconnoissent aisément
dans le succin ; mais ils sont méconnoissables dans la pierre.

On trouve à l'état fossile des restes de
cétacés, de reptiles, d'oiseaux et de mam-

mifères dont plusieurs genres n'existent plus à l'état vivant ; mais on n'a jamais rien trouvé qui puisse se rapporter à l'homme , ni même aux quadrumanes , et les restes des mammifères ne se sont trouvés que dans les couches plus nouvelles que celles du calcaire grossier.

On reconnoît le genre des poissons à l'état fossile ; mais il est bien difficile de reconnoître l'espèce dans cet état.

Les genres et les espèces des testacés fossiles se reconnoissent très-aisément, et peuvent être comparés avec ce qui existe à l'état vivant.

Par la modification qu'éprouvent les mêmes espèces (soit vivantes ou fossiles) qui ont vécu dans des localités différentes, il est difficile de distinguer au juste l'espèce de la variété, et de juger avec certitude sur l'analogie que les fossiles peuvent avoir avec ce qui vit aujourd'hui.

Il n'y a presque aucune identité ou analogie entre ce que l'on trouve dans les couches antérieures à la craie, et dans cette substance, avec ce qui se trouve à l'état vivant.

Le plus grand nombre d'espèces fossiles identiques ou analogues avec ce qui existe à l'état vivant, se trouve dans le Plaisantin et en Italie.

La couche de grès marin supérieur des environs de Paris, renferme un moins grand nombre d'espèces et de genres que celle du calcaire grossier, quoique dans la première on trouve des espèces qui ne sont pas dans ce dernier.

Quelques espèces provenant des deux couches paroissent identiques ; mais la presque totalité ne présente que de l'analogie.

La modification dans les formes est quelquefois si grande, qu'on a placé dans deux genres des coquilles qui paroissent dépendre du même, et de la même espèce.

Dans le calcaire grossier, les genres et les espèces ont une tendance à l'analogie avec ceux d'Italie, en les suivant par l'Anjou, la Touraine et les environs de Bordeaux, et avec ceux d'Angleterre, en les suivant par le département de l'Oise.

Beaucoup de genres qui se trouvent fossiles dans nos pays, ne se rencontrent à l'état vivant que dans les régions équatoriales.

Il y a lieu de croire que le nombre des genres et des espèces qui existent aujourd'hui à l'état vivant, est plus considérable qu'il n'ait été à aucune autre époque.

On rencontre des ammonites dans tous les pays ; et, en les assimilant aux nautiles et aux spirules qui ne vivent que dans les climats chauds, on pourroit penser que toute la terre auroit pu s'être trouvée dans des climats analogues à ceux dans lesquels vivent aujourd'hui les nautiles et les spirules.

Certains genres se rencontrent fossiles

dans tous les pays; mais on ne peut tirer d'induction à leur égard, parce qu'on les trouve aussi à l'état vivant dans tous les climats.

Parmi les fossiles, les espèces identiques sur différens points éloignés les uns des autres, sont très-rares.

Les espèces qu'on trouve dans les couches postérieures à la craie, ne pénètrent pas dans cette dernière.

Dans les bassins de la Seine, de la Marne, de l'Oise et de beaucoup d'autres rivières et fleuves, il existe une couche composée de débris de toutes les autres, et d'ossemens de mammifères, qui paroît avoir été déposée la dernière.

Aux environs de Paris, elle couvre tout le terrain depuis Montrouge jusqu'à la forêt de Saint-Germain.

Elle n'est presque composée que de morceaux siliceux ou quarzeux, les corps moins durs ayant été broyés.

Il est extrêmement probable que le torrent auquel elle est due, et qui a charrié des masses énormes, couloit dans le sens de la Seine aujourd'hui.

Le sable qui tapisse le fond de la Seine est composé des mêmes élémens que celui de la plaine Grenelle, et provient de la même origine que ce dernier.

Pendant l'irruption qui déposoit des cailloux jusqu'à la hauteur de Montrouge, des eaux à peu près tranquilles remplissoient tous les vallons à droite et à gauche du cours de la Seine, et déposoient les couches de terre franche qui s'y trouvent aujourd'hui.

Les huîtres dont les environs de Paris sont couverts, avoient vécu sur un terrain inégal; mais des couches horizontales de sable quarzeux, qui se trouvent dans les parties les plus élevées de ce terrain, prouveroient que les vallons ont été remplis par ce sable.

La terre franche ne s'est point trouvée

aux environs de Paris dans des circonstances propres à être cristallisée ou pétrifiée.

C'est peut-être à des torrens analogues à celui qui a coulé dans le bassin de la Seine, que sont dues toutes les couches de terre franche.

Les couches antérieures à la craie présentent cent soixante-deux genres en polypiers, échinides, crustacés, annelides, serpulées, céphalopodes monothalames, cirrhipèdes, coquilles bivalves, phyllidiens, coquilles univalves, coquilles cloisonnées, corps marins peu connus, reptiles, poissons et végétaux.

Dans les couches de la craie on trouve soixante-dix-neuf genres en polypiers, stellérides, échinides, crustacés, annelides, serpulées, coquilles bivalves, planospirite, coquilles cloisonnées, poissons, reptiles, végétaux, et presque jamais de coquilles univalves.

Enfin, à l'exception des céphalopodes

monothalames , et des hétéropodes , les
autres familles présentent trois cent trente-
sept genres dans les couches postérieures à
la craie.

TABLEAU

Des Genres des Corps organisés que l'on trouve à l'état fossile, et des Couches dans lesquelles on les rencontre ; contenant aussi, relativement aux Corps marins testacés, la désignation des Genres qu'on ne rencontre pas à l'état fossile, de ceux qui se trouvent à cet état et aussi à l'état vivant, et de ceux qui se trouvent fossiles seulement.

NOTA. L'astérique qui se trouve sur la ligne du genre indique les états ainsi que les couches dans lesquels on le treuve.

ORDRES OU NOMS DES FAMILLES.	NOMS DES GENRES.	GENRES QUI SE TROUVENT A L'ÉTAT			DANS LES COUCHES			NOMBRE D'ESPÈCES		OBSERVATIONS.
		vivant seulement.	vivant et à l'état fossile.	fossile-seulement.	antérieures à la craie.	de la craie.	postérieures à la craie.	à l'état vivant.	à l'état fossile.	
POLYPIERS.	Acetabule. . .		*				*	2	1	Débris qui paroissent appartenir à ce genre.
	Flustre. . . .		*			*	*	11	11	
	Discopore. . .	*						9		
	Cellépore. . .		*			*	*	8	6	
	Eschare. . . .		*			*	*	11	25	
	Adéone. . . .	*						2		
	Rétépore . . .		*			*	*	7	10	
	Alvéolite . . .		*		*p		*	1	3	
	Ocellaire . . .			*			*p		2	
	Dactilopore. .			*			*		2	
	Lunulite . . .			*		*	*		10	Craie inférieure pour celles trouvées dans la craie.
	Orbulite . . .		*				*	1	4	
	Disticopore. .		*				*	1	1	
	Ovulite			*			*		5	
	Millepore. . .		*		*	*		14	14	Craie inférieure.
	Favosite . . .				*	*			6	
	Caténipore . .				*	*			2	
	Tubipore. . .		*			*		1	2	Couche incertaine, mais très-probablement antérieure à la craie.
	Styline	*						1		
	Sarcinule. . .		*		*p			2	1	
	Caryophyllie .		*		*	*	*	15	36	
	Turbinolie . .			*			*		18	

ORDRES OU NOMS DES FAMILLES.	NOMS DES GENRES.	GENRES QUI SE TROUVENT						NOMBRE D'ESPÈCES		OBSERVATIONS.
		A L'ÉTAT			DANS LES COUCHES					
		vivant seulement.	vivant et à l'état fossile.	fossile seulement.	antérieures à la craie.	de la craie.	postérieures à la craie.	à l'état vivant.	à l'état fossile.	
POLYPIERS.	Cyclolite....			*	*	*			15	Genre douteux pour la craie.
	Fongie......		*		*			8	4	
	Pavone......	*						8		
	Agarice......	*						7		
	Méandrine...		*				*	9	5	
	Monticulaire..		*		*			5	5?	
	Echinopore...	*						1		
	Explanaire...	*						6		
	Astrée.....		*		*		*	31	80?	
	Porite......	*						16		
	Pocillopore...		*				*	7	1	Le genre fossile est douteux.
	Madrepore...		*		*		*	9	7	
	Seriatopore...		*		*	*	*	3	4	Craie inférieure.
	Oculine.....		*				*	9	4?	
	Corail	*						1		
	Isis........		*				*?	5	1	
	Melite......	*						4		
	Antipate....	*						17		
	Gorgone....		*		*			48	1	Couche et genre douteux.
	Coralline....	*						32		
	Pinceau.....	*						3		
	Flabellaire...		*				*	7	1	
	Eponge.....		*		*			140	11	
	Alcyon.....		*			*		40	15?	
	Anthelie....	*						1		
	Xenie......	*						2		
	Ammothée...	*						2		
	Lobulaire....	*						3		
	Funiculine...	*						3		
	Virgulaire....		*			*		3	1	Le genre fossile est douteux.
	Encrine.....		*		*		*	1	1	Dans le calcaire grossier (de Gerville).
	Potériocrinites.			*	*				2	

ORDRES OU NOMS DES FAMILLES.	NOMS DES GENRES.	GENRES QUI SE TROUVENT						NOMBRE D'ESPÈCES		OBSERVATIONS.
		À L'ÉTAT			DANS LES COUCHES					
		vivant seulement.	vivant et à l'état fossile.	fossile seulement.	antérieures à la craie.	de la craie.	postérieures à la craie.	à l'état vivant.	à l'état fossile.	
POLYPIERS.	Platycrinites . .			★	★				5	
	Apiocrinites. . .			★	★	★			2	
	Pentacrinites . .			★	★		★		5	
	Cyathocrinites .			★	★				5	
	Actinocrinites. .			★	★				3	
	Rodocrinites . .			★	★				1	
	Caryophillite .			★	★				1	
	Marsupite. . . .			★	★?	★			1	
	Alecto			★	★	★			1	
	Apsendesie. . .			★	★				1	
	Bérénice			★	★				3	
	Cellaire.	★						2		Craie inférieure.
	Chenendopore .			★		★			1	
	Chrysaorare. . .			★	★				2	
	Eudée			★	★				1	
	Eunomie. . . .			★	★				1	
	Fabulaire. . . .			★			★		3	
	Halliroé			★	★				2	
	Hornère		★				★	1	5	
	Mopsée.	★						2		
	Krusensterne. .	★						1		
	Tilésie			★	★				1	
	Diastopore . . .			★	★				1	
	Mélobésie. . . .	★						1		Et plusieurs autres espèces. (Lamx.)
	Spiropore. . . .			★	★				5	
	Microsolène. . .			★	★				1	
	Lymnorée . . .			★	★				1	
	Lichenopore . .		★			★	★	2	5	1 analogue dans le calcaire grossier.
	Pélagie.			★	★				1	
	Montlivaltie . .			★	★				1	
	Lérée.			★	★				1	
	Idmonée. . . .			★	★				4	
	Intricarie. . . .			★	★				1	
	Obélie	★						1		

ORDRES OU NOMS DES FAMILLES.	NOMS DES GENRES.	GENRES QUI SE TROUVENT						NOMBRE D'ESPÈCES		OBSERVATIONS.
		A L'ÉTAT			DANS LES COUCHES					
		vivant seulement.	vivant et à l'état fossile.	fossile seulement.	antérieures à la craie.	de la craie.	postérieures à la craie.	à l'état vivant.	à l'état fossile.	
POLYPIERS.	Entalophore			*	*				1	
	Théonée			*	*				1	
	Térébellaire			*	*				2	
	Turbinolopse			*	*				1	
	Nubéculaire			*			*		1	
	Orizaire			*			*		4	Après la confection de cet état, je viens de trouver ce genre à l'état vivant.
	Palmulaire			*			*		1	
	Polytripe			*			*		5	
	Saracenaire			*			*		1	
	Licophre			*		*	*		2	Craie inférieure.
	Textulaire			*			*		2	
	Vaginopore			*			*		1	
	Vinculaire			*			*		1	
	Thamnastérie			*	*				1	
	Pagrus			*		*			2	
	Ventriculites			*		*			3	
	Larvaire			*			*		5	
STELLÉRIDES.	Euriale		*			*	*	6	1	Le genre fossile est douteux.
	Astérie		*				*p	44	1	Idem.
	Comatule		*			*	*	8	1	Idem.
	Ophiure		*				*	18	1	Idem.
ECHINIDES.	Scutelle		*		*			17	12	
	Clypéastre		*		*	*	*	3	10	
	Fibulaire	*						3		
	Echinonée	*						3		
	Galérite			*		*	*p		16	
	Ananchite			*		*			12	
	Spatangue		*			*	*	15	21	
	Cassidule		*			*	* *p	1	9	
	Nucléolite			*	*	*	*		11	
	Oursin		*			* *p	*	55	13	
	Cidarite		*		*	*		18	8	

ORDRES OU NOMS DES FAMILLES.	NOMS DES GENRES.	GENRES QUI SE TROUVENT						NOMBRE D'ESPÈCES		OBSERVATIONS.
		À L'ÉTAT			DANS LES COUCHES					
		vivant seulement.	vivant et à l'état fossile.	fossile seulement.	antérieures à la craie.	de la craie.	postérieures à la craie.	à l'état vivant.	à l'état fossile.	
CRUSTACÉS.	Agnoste.			*	*				1	Il a paru superflu d'indiquer le nombre des espèces de crustacés à l'état vivant.
	Calymène . . .		*		*				4	
	Paradoxide. . .		*		*				5	
	Asaphe.		*		*				5	
	Ogygie.		*		*				2	
	Portune	*							2	La couche est douteuse.
	Podophtalme. .	*							1	*Idem.*
	Crabe	*					*		6	
	Grapse	*							1	Le genre et la couche sont douteux.
	Gonoplace . . .	*					*?		5	
	Gélasime. . . .	*					*?		1	
	Gecarcin	*					*?		1	
	Atélécycle . . .	*					*		1	
	Leucosie	*							3	Couche inconnue.
	Inachus.	*							1	*Idem.*
	Dorippe.	*							1	*Idem.*
	Ranine	*							1	*Idem.*
	Pagure	*				*			1	Craie inférieure; le genre fossile est douteux.
	Eryon.	*							1	Couche inconnue.
	Scyllare	*							1	*Idem.*
	Langouste . . .	*							2	*Idem.*
	Palémon. . . .	*							1	*Idem.*
	Ecrevisse. . . .	*				*			1	Genre fossile douteux et couche inconnue.
	Galathée	*							1	Genre fossile douteux.
	Sphérome . . .	*					*		1	*Idem.*
	Limule.	*					*?		1	Couche inconnue.
	Cypris	*					*		2	
	Macroure. . . .	*					*?		1	Genre fossile douteux et couche inconnue.

| ORDRES OU NOMS DES FAMILLES | NOMS DES GENRES | GENRES QUI SE TROUVENT | | | | | | NOMBRE D'ESPÈCES | | OBSERVATIONS |
| | | À L'ÉTAT | | | DANS LES COUCHES | | | | | |
		vivant seulement	vivant et à l'état fossile	fossile seulement	antérieures à la craie	de la craie	postérieures à la craie	à l'état vivant	à l'état fossile	
ANNÉLIDES	Siliquaire. . . .		★				★	5	7	1 espèce analogue en Italie. (Brocchi.)
	Dentale.		★		★		★	12	21	4 espèces analogues en Italie. (Brocc.)
	Entale			★	★				1	Craie inférieure.
SERPULÉES	Spirorbe		★			★	★	5	11	1 espèce analogue du calcaire grossier, avec 1 espèce de la Nouvelle-Hollande.
	Serpule.		★		★	★	★	20	6	Il est très-difficile de distinguer les serpules des vermilies à l'état fossile ; 2 analogues en Italie. (Brocc.)
	Vermilie		★		★	★	★	8	45	2 anal. en Italie.(Brocc.)
	Rotulaire. . . .			★	★				7	Couche douteuse.
	Galéolaire . . .	★						2		
	Magile	★						1		
CIRRHIPÈDES	Tubicinelle . . .	★						1		
	Coronule. . . .	★						3		
	Balane		★		★		★	28	16	3 espèces analogues en Italie(Brocc.); 1 identique. (Lamk.)
	Acaste	★						5		
	Creusie. . . .	★						3		
	Pyrgome. . . .	★						1		
	Anatife. . . .	★						5		
	Pousse-Pied . .	★						3		
	Cinéras. . . .	★						1		
	Otion.	★						2		
TUBICOLÉES	Arrosoir		★				★	4	2	
	Clavagelle . . .			★			★		4	
	Fistulane. . . .		★				★	4	2	1 espèce analogue en Italie. (Brocc.)
	Cloisonnaire . .	★						1		
	Térédine			★			★		4	
	Taret		★				★	2	3	Idem.

ORDRES OU NOMS DES FAMILLES.	NOMS DES GENRES.	GENRES QUI SE TROUVENT						NOMBRE D'ESPÈCES		OBSERVATIONS.
		A L'ETAT			DANS LES COUCHES					
		vivant seulement.	vivant et à l'état fossile.	fossile seulement.	antérieures à la craie.	de la craie.	postérieures à la craie.	à l'état vivant.	à l'état fossile.	
PHOLADAIRES.	Pholade		*				*	9	3	1 espèce analogue en Italie. (Brocch.)
	Gastrochêne ..		*				*	3	1	1 espèce analogue à Grignon.
SOLÉNACÉES.	Solen......		*				*	21	9	3 espèces identiq. dans le Plaisantin; 1 espèce anal. à Grignon.
	Gervillie		*		*				1	Craie inférieure.
	Panopée		*				*	1	1	1 espèce analogue dans le Plaisantin.
	Glycimère ...		*					2	1	La couche est inconnue.
MYAIRES.	Mye		*			*	*	4	11	Quelques unes sont douteuses.
	Anatine.....		*			*		10	1	Couche douteuse.
MACTRACÉES.	Lutraire		*		*	*	*	12	3	Genre douteux des anciennes couches et de la craie; 2 espèces analogues en Italie. (Brocc.)
	Mactre.....		*				*	33	8	1 espèce identique et 1 espèce analogue dans le Plaisantin; 1 analogue dans la Caroline du Nord.
	Crassatelle ...		*		*?		*	11	20	Craie inférieure?
	Erycine.....		*				*	1	11	3 espèces analogues dans le Plaisantin (Brocc.); une des figures de ces analogues ne se rapporte pas à ce genre.
CORBULÉES.	Onguline.....	*						2		
	Solémye	*						2		
	Amphidesme ..	*						16		
	Corbule.....		*				*	9	30	1 espèce analogue en Italie (Brocc.); 1 autre à Grignon.
	Sphæna.....		*				*	1	1	
	Pandore		*				*	3	2	

8

ORDRES DES FAMILLES OU NOMS DES FAMILLES	NOMS DES GENRES.	GENRES QUI SE TROUVENT						NOMBRE D'ESPÈCES		OBSERVATIONS.
		A L'ÉTAT			DANS LES COUCHES					
		vivant seulement.	vivant et à l'état fossile.	fossile seulement.	antérieures à la craie.	de la craie.	postérieures à la craie.	à l'état vivant.	à l'état fossile.	
LITHOPHAGES. Saxicave			*		*			5	1	Le genre fossile est douteux.
Pétricole			*				*	13	2	1 espèce analogue dans le Plaisantin (Brocc.); 1 autre à Grignon.
Vénérupe . . .			*				*	7	5	
NYMPHACÉES SOLÉNAIRES. Sanguinolaire. .		*						4		
Psammobie. . .		*						18		
Psammotée. . .		*						8		
NYMPHACÉES TELLINAIRES. Telline			*				*	54	23	4 espèces analogues dans le Plaisantin (Brocc.); 3 espèces identiques à Grignon.
Tellinide		*						1		
Corbeille. . . .			*				*	1	2	
Lucine			*				*	17	35	1 espèce analogue en Italie; 1 identique en Touraine; 5 analogues aux environs de Paris.
Donace.			*				*	27	17	3 espèces anal., dont l'une de Loignan, près de Bordeaux, 1 autre d'Italie, et 1 autre des environs de Paris.
Capse		*						2		
Crassine			*				*	2	18	1 espèce analogue en Angleterre; 1 espèce sub-analogue à Anvers.
CONQUES FLUVIATILES. Cyclade			*				*	11	2	1 espèce analogue dans le Plaisantin.(Brocc.)
Cyrène.			*				*	11	9	1 espèce analogue du calcaire grossier.
Galatée.		*						1		

ORDRES OU NOMS DES FAMILLES.	NOMS DES GENRES.	GENRES QUI SE TROUVENT						NOMBRE D'ESPÈCES		OBSERVATIONS.
		A L'ÉTAT			DANS LES COUCHES					
		vivant seulement.	vivant et à l'état fossile.	fossile seulement.	antérieures à la craie.	de la craie.	postérieures à la craie.	à l'état vivant.	à l'état fossile.	
CONQUES MARINES.	Cyprine		★				★	1	7	2 espèces identiques en Italie, aux environs de Bordeaux et en Angleterre. (Lamk.)
	Cythérée.		★				★	78	35	1 espèce identique en Italie, 1 près de Bordeaux et 1 à Grignon; 6 espèces analogues en Italie. Celle de Bordeaux s'y trouve beaucoup plus grande et trois à quatre fois plus épaisse.
	Vénus		★				★	88	40	6 espèces analogues en Italie (Brocc.), et 1 à Grignon.
	Vénéricarde . . .		★				★	2	25	1 espèce identique à Chaumont (Oise).
	Cypricarde. . . .		★			★		4	3	
CARDIAIRES.	Bucarde		★			★	★	48	40	2 espèces identiques en Italie, 4 analogues aux mêmes lieux, 1 analogue plus petite à Grignon.
	Cardite.		★				★	22	10	1 espèce identique du Plaisantin, 1 analogue audit lieu, et 1 autre en Anjou.
	Hiatelle.	★						1		
	Isocarde		★			★	★	3	6	Le genre des couches anciennes est douteux; 1 espèce identique du Plaisantin.
ARCACÉES.	Cucullée		★			★	★?	1	3	
	Arche.		★			★	★	37	25	Craie inférieure; 4 espèces identiques du Plaisantin, 1 de l'Anjou, 2 analogues des environs de Paris.

ORDRES OU NOMS DES FAMILLES.	NOMS DES GENRES.	GENRES QUI SE TROUVENT À L'ÉTAT			DANS LES COUCHES			NOMBRE D'ESPÈCES		OBSERVATIONS.
		vivant seulement.	vivant et à l'état fossile.	fossile seulement.	antérieures à la craie.	de la craie.	postérieures à la craie.	à l'état vivant.	à l'état fossile.	
ARCACÉES.	Pétoncle		*			*	*	19	34	Craie inférieure ; 3 espèces analogues en Italie (Brocc.); 1 autre près de Versailles et dans la Caroline du Nord.
	Nucule		*		*	*	*	6	12	Craie inférieure ; 1 espèce identique à Grignon, 2 analogues en Italie (Brocc.), et 4 aux environs de Paris.
TRIGONÉES.	Trigonie		*		*	*		1	21	Craie inférieure.
	Opis			*	*				1	
	Castalie	*						1		
NAYADES.	Mulette		*		*		*	48	8	Genre douteux dans les anciennes couches.
	Hyrié	*						2		
	Anodonte. . . .		*				*	15		On a trouvé quelques espèces fossiles, mais difficiles à distinguer.
	Iridine	*						1		
CAMACÉES.	Dicerate			*	*				5	
	Came		*				*	17	10	3 espèces analogues en Italie. (Brocc.)
	Ethérie	*						4		
TRIDACNÉES.	Tridacne		*		*			6	1	Le genre fossile est douteux.
	Hippope	*						1		
MYTILACÉES.	Mytiloïde. . . .			*		*			1	
	Modiole		*		*		*	23	20	1 espèce analogue en Italie (Brocc.), 1 autre à Grignon.
	Pholadomya . .		*		*	*		1	2	Craie inférieure ; le genre fossile est douteux.

ORDRES OU NOMS DES FAMILLES.	NOMS DES GENRES.	GENRES QUI SE TROUVENT						NOMBRE D'ESPÈCES		OBSERVATIONS.
		À L'ÉTAT			DANS LES COUCHES					
		vivant seulement.	vivant et à l'état fossile.	fossile seulement.	antérieures à la craie.	de la craie.	postérieures à la craie.	à l'état vivant.	à l'état fossile.	
MYTILACÉES.	Moule		*		*	*	*	55	11	1 espèce analogue d'Italie (Brocc.); 1 subanalogue dans le grès supérieur de Longjumeau.
	Pinne		*		*		*	15	6	1 espèce analogue d'Italie. (Brocc.)
	Lithodome		*		*	*			1	On ne trouve souvent que les moules de ces coquilles.
MALLÉACÉES.	Catillus			*		*			2	
	Crenatule	*						7		
	Perne		*		*		*	10	5	1 espèce subanalogue en Égypte; mais la couche est incertaine.
	Pulvinite			*		*			1	Craie inférieure.
	Inocéramus			*		*			3	
	Marteau	*						6		
	Avicule		*		*		*	15	12	
	Pintadine		*		*			2	3	Ou genre voisin.
PECTIDINES.	Houlette	*						1		
	Lime		*		*		*	6	11	Le genre des couches anciennes est douteux; 2 espèces anal. en Italie (Brocc.); 2 analogues à Grignon.
	Dianchora			*		*			3	
	Plagiostome			*		*			3	
	Pachytos			*	*				15	
	Peigne		*		*	*	*	59	98	4 espèces identiques en Italie; 3 analogues au même lieu. (Brocc.)
	Plicatule		*		*		*	4	10	
	Spondyle		*			*	*	21	5	Craie inférieure; 1 espèce analogue dans le Plaisantin. (Brocc.)
	Hinnite			*	*?		*		2	Il est douteux qu'on en ait trouvé dans les couches anciennes.

ORDRES OU NOMS DES FAMILLES.	NOMS DES GENRES.	GENRES QUI SE TROUVENT						NOMBRE D'ESPÈCES		OBSERVATIONS.
		A L'ÉTAT			DANS LES COUCHES					
		vivant seulement.	vivant et à l'état fossile.	fossile seulement.	antérieures à la craie.	de la craie.	postérieures à la craie.	à l'état vivant.	à l'état fossile.	
PECTINIDES.	Podopside . . .			*	*				2	Craie tuffau. Ce genre doit entrer dans celui des huîtres.
	Vulselle.		*				*	6	1	
OSTRACÉES.	Gryphée		*		*	*		1	20	Le genre vivant est très-douteux.
	Huître		*		*	*	*	48	120	7 espèces analogues dans le Plaisantin. (Brocc.)
	Anomie. : . . .		*		*?		*	9	10	5 espèces analogues dans le Plaisantin. (Brocc.)
	Placune		*		*		*?	3	2	1 espèce analogue en Egypte ; mais la couche est incertaine.
RUDISTES.	Sphérulite . . .			*	*				1	
	Radiolite			*	*				3	(Lamk.)
	Calcéole			*	*				1	
	Birostrite ou Jo-damie			*		*			3?	Craie inférieure.
	Cranie		*			*		2	4	
BRACHIOPODES.	Pentamérus . .			*	*				1	
	Strygocephále .			*	*				1	
	Orbicule ou Dis-cine		*				*	2	1	
	Productus . . .			*	*				14	
	Térébratule. . .		*		*	*	*	12	180	1 espèce identique? de la craie ; 1 ou 2 espèces analogues des couches anciennes.
	Strophomène. .			*	*				3	
	Thécidée		*			*		1	4	Craie inférieure ; 1 espèce subanalogue.
	Spirifer.			*	*				10	
	Lingule		*		*			1	2	
	Magas			*		*			1	
PTÉROPODES.	Hyale	*						2		
	Cléodore			*			*		1	
	Limacine. . . .	*						1		
	Cimbulie	*						1		

ORDRES OU NOMS DES FAMILLES.	NOMS DES GENRES.	GENRES QUI SE TROUVENT						NOMBRE D'ESPÈCES		OBSERVATIONS.
		A L'ETAT			DANS LES COUCHES					
		vivant seulement.	vivant et à l'état fossile.	fossile seulement.	antérieures à la craie.	de la craie.	postérieures à la craie.	à l'état vivant.	à l'état fossile.	
PHYLLIDIENS.	Oscabrille . . .	*						2		
	Oscabrion . . .		*				*	20	2	Les espèces vivantes sont en général très-grandes ; les espèces fossiles sont très-petites.
	Patelle		*			*	*	50	4	Même observation ; 1 espèce identique du Plaisantin.
SEMI-PHYLLIDIENS.	Pleurobranche .	*						1		
	Ombrelle. . . .	*						2		
CALYPTRACIENS.	Parmophore . .		*				*	3	3	Les espèces vivantes sont grandes et épaisses ; celles fossiles sont petites et très-minces.
	Rimulaire . . .			*			*		2	
	Emarginule. . .		*				*	7	12	1 espèce analogue des environs de Paris.
	Fissurelle. . .		*				*	20	6	1 espèce analogue de Grignon ; 1 autre du Plaisantin.
	Cabochon . . .		*				*	6	6	1 espèce identique du Plaisantin (*pileopsis ungarica*).
	Hipponice . . .		*				*	5	5	1 espèce analogue aux environs de Paris.
	Calyptrée. . . .		*				*	6	14	2 espèces analogues dans le Plaisantin (Brocc.) ; 1 autre à Grignon, et 1 autre identique près de Bordeaux.
	Crépidule. . . .		*				*	6	6	1 espèce identique du Plaisantin ; 1 autre espèce analogue de .....
	Ancyle		*				*	3	1	

ORDRES OU NOMS DES FAMILLES.	NOMS DES GENRES.	GENRES QUI SE TROUVENT						NOMBRE D'ESPÈCES		OBSERVATIONS.
		À L'ÉTAT			DANS LES COUCHES					
		vivant seulement.	vivant et à l'état fossile.	fossile seulement.	antérieures à la craie.	de la craie.	postérieures à la craie.	à l'état vivant.	à l'état fossile.	
BULLÉENS.	Bullée		*				*	2	2	1 espèce analogue d'Italie (Brocc.); 1 identique de Grignon.
	Bulle		*				*	11	12	5 espèces analogues du Plaisantin (Brocc.); 1 espèce subanalogue de Grignon.
LAPLISIENS.	Dolabelle	*						2		
LIMACIENS.	Parmacelle . . .	*						1		
	Limace	*						4		
	Testacelle . . .	*						1		
	Vitrine	*						1		
COLIMAÇÉS.	Hélice		*				*	107	8	2 espèces analogues. (Brong.)
	Carocole		*				*	18	1	Le genre fossile est douteux.
	Anostome . . .	*						2		
	Hélicine		*				*	4	3	Le genre fossile est douteux et trouvé dans des dépôts marins; le vivant est terrestre et fluviatile.
	Maillot		*				*	27	1	
	Clausilie	*						12		
	Bulime		*		*		*	34	37	1 espèce analogue à Grignon; 1 espèce de Grignon identique, avec une du Plaisantin, cas fort rare.
	Agathine		*				*	19	1	Genre terrestre trouvé fossile dans un dépôt marin.
	Ambrette		*				*	5		
	Auricule		*				*	14	9	1 espèce anal. (Brocc.)
	Cyclostome . .		*				*	28	17	2 espèces analogues dans le Plaisantin. (Brocc.)

ORDRES OU NOMS DES FAMILLES.	NOMS DES GENRES.	GENRES QUI SE TROUVENT						NOMBRE D'ESPÈCES		OBSERVATIONS.
		A L'ÉTAT			DANS LES COUCHES					
		vivant seulement.	vivant et à l'état fossile.	fossile seulement.	antérieures à la craie.	de la craie.	postérieures à la craie.	à l'état vivant.	à l'état fossile.	
LYMNÉENS.	Planorbe		*				*	12	18	L'état de quelques esp. regardées comme fossiles est douteux ; 4 espèces anal. (Brong.)
	Physe		*				*	4		
	Lymnée		*				*	12	10	2 espèces analogues du Plaisantin. (Brocc.)
	Rissoa		*				*	15	6	1 espèce identique de Grignon, 4 espèces analogues de Grignon et de Hauteville.
MÉLANIENS.	Mélanie		*			*	*	16	36	1 espèce identique de Grignon et de l'Anjou ; cette esp. vit sur les côtes d'Angleterre.
	Mélanopside ..		*				*	11	10	3 espèces identiques et 1 analogue. (Féruss.)
PÉRISTOMIENS.	Pyrène.	*						4		
	Valvée	*						1		
	Paludine		*				*	7	5	
	Ampullaire...		*				*	11	17	Les vivantes sont fluviatiles et les fossiles sont marines.
NÉRITACÉS.	Navicelle. ...	*						3		
	Piléole			*	*		*	4		
	Néritine		*				*	21	5	1 analogue dans le Plaisantin. (Brocc.)
	Natice		*				*	31	8	1 espèce identique du Plaisantin, 3 espèces anal. et 1 subanal.
	Nérite		*				*	17	5	2 esp. anal. d'It. (Brocc.)
	Janthine	*						2		
MACROSTOMES.	Sigaret		*				*	4	3	1 espèce identique du Plaisantin, 2 analogues, l'une de Grignon, l'autre près de Bordeaux.
	Stomatelle ...	*						5		
	Stomate	*						2		
	Haliotide....	*						15		

9

ORDRES OU NOMS DES FAMILLES.	NOMS DES GENRES.	GENRES QUI SE TROUVENT						NOMBRE D'ESPÈCES		OBSERVATIONS.
		À L'ÉTAT			DANS LES COUCHES					
		vivant seulement.	vivant et à l'état fossile.	fossile seulement.	antérieures à la craie.	de la craie.	postérieures à la craie.	à l'état vivant.	à l'état fossile.	
PLICACÉS.	Tornatelle . . .		*				*	6	5	1 espèce subanalogue en Angleterre.
	Pyramidelle . .		*				*	5	7	
	Nériné			*	*				5	
SCALARIENS.	Vermet.		*		*		*	1	2	Le genre des couches anciennes est douteux.
	Scalaire		*				*	7	12	1 espèce analogue du Plaisantin. (Brocc.)
	Dauphinule. . .		*				*	3	30	1 espèce analogue ?
	Pleurotomaire .			*	*				3	
	Euomphalus . .			*	*				6	
TURBINACÉS.	Cadran.		*			*	*	7	17	Craie tufau ; quelques espèces subanalogues dans le calcaire grossier.
	Maclurite. . . .			*	*				1?	
	Roulette	*						5		
	Troque.		*		*	*	*	69	56	11 espèces analogues, 1 dans les anciennes couches du Havre, 6 d'Italie, 1 dans l'Anjou et 3? à Grignon.
	Monodonte. , .		*				*	25	5	
	Turbo		*				*	34	28	3 espèces identiques, dont 2 dans le Plaisantin et 1 en Angleterre.
	Planaxe	*						2		
	Phasianelle. . .		*				*	10	7	1 espèce analogue.
	Turritelle. . . .		*		*		*	13	37	Le genre des couches anciennes est douteux ; 5 espèces anal. en Italie (Brocc.) ; 1 en Touraine ; 1 identique en Angleterre.
	Cirrus			*	*				5	
	Proto.	*?							1?	L'état vivant ou fossile n'est pas certain.

ORDRES OU NOMS DES FAMILLES.	NOMS DES GENRES.	GENRES QUI SE TROUVENT						NOMBRE D'ESPÈCES		OBSERVATIONS.
		À L'ÉTAT			DANS LES COUCHES					
		vivant seulement.	vivant et à l'état fossile.	fossile seulement.	antérieures à la craie.	de la craie.	postérieures à la craie.	à l'état vivant.	à l'état fossile.	
CANALIFÈRES.	Pleurotome...		*				*	23	95	3 esp. anal. dans le Plaisantin. (Brocc.)
	Cerite.....		*		*	*	*	56	190	Le genre de celles de la craie est douteux; 3 anal. dans l'Italie. (Brocc.) 2 ident. à Grignon.
	Turbinelle....	*					*	23		
	Cancellaire...		*				*	12	20	1 esp. ident. et 1 anal. d'Italie. (Brocc.) 1 de Grignon, qui seroit ident. si elle n'avoit 2 plis à la columelle.
	Nasse......		*				*	30	21	3 esp. ident. et 3 anal. d'Italie. (Brocc.) 1 anal. de Touraine.
	Fasciolaire...		*				*	8	15	1 anal. d'Italie. (Brocc.)
	Cyclope....		*				*	1	1	1 esp. ident. dans le Piémont.
	Fuseau.....		*				*	37	70	4 esp. anal. du Plaisantin. (Brocc.) 1 de Grignon.
	Pyrule.....		*				*	28	12	3 esp. anal. du Plaisant. (Brocc.) 3 autres près de Bordeaux, l'une d'elles très-grosse et presque identique.
	Potamide....					*	*	4		
CANALIFÈRES avec bourrelet au bord droit.	Struthiolaire..		*?				*	2	1	Le genre foss. est dout.
	Ranelle.....		*				*	14	5	3 identiques d'Italie.
	Rocher.....		*				*	66	50	20 espèces analogues du Plaisantin. (Brocc.)
	Triton.....		*				*	51	10	1 analogue du Plaisantin. (Brocc.)
	Rostellaire..		*				*	5	13	1 esp. ident. du Plais.; 1 esp. anal. à Grignon.
AILÉES.	Ptérocère....	*						7		
	Strombe....		*					33	5	1 esp. anal. du Plaisant. (Brocc.); les esp. viv. sont en général plus grandes que les foss.

ORDRES OU NOMS DES FAMILLES.	NOMS DES GENRES.	GENRES QUI SE TROUVENT						NOMBRE D'ESPÈCES		OBSERVATIONS.
		A L'ÉTAT			DANS LES COUCHES					
		vivant seulement.	vivant et à l'état fossile.	fossile seulement.	antérieures à la craie.	de la craie.	postérieures à la craie.	à l'état vivant.	à l'état fossile.	
PURPURIFÈRES.	Cassidaire ...		★				★	7	7	1 espèce identique de Grignon; 2 analogues du Plaisant. (Brocc.)
	Casque.		★			★	★	26	8	Craie inférieure; 4 espèces analogues du Plaisantin (Brocc.); les espèces vivantes plus grandes que les fossiles; 1 esp. ident. près de Bordeaux.
	Ricinule	★						9		
	Pourpre		★				★	5o	9	1 espèce identique d'Angleterre.
	Licorne		★				★	5	2	
	Concholepas ..	★						1		
	Harpe		★				★	8	2	1 espèce analogue? de Grignon.
	Buccin		★				★	49	36	1 espèce identique du Plaisantin; 3 analogues, l'une du Plaisantin, l'autre près de Bordeaux, et l'autre de Grignon.
	Eburne.	★						5		
	Vis.		★			★	★	24	17	Le genre des anciennes couches est douteux; 5 espèces identiques, 3 d'Italie, 1 de Grignon, 1 près de Bordeaux.
	Tonne		★				★	7	4	Le genre des couches anciennes est douteux; 2 espèces analogues d'Italie. (Brocc.)
COLUMELLAIRES.	Colombelle. ..		★				★	18	1	
	Mitre.		★			★	★	80	3o	Le genre des couches anciennes est douteux; 2 espèces analogues du Plaisantin. (Brocc.)
	Volute		★				★	44	4o	Point d'espèces analogues.

ORDRES OU NOMS DES FAMILLES	NOMS DES GENRES.	GENRES QUI SE TROUVENT À L'ÉTAT			DANS LES COUCHES			NOMBRE D'ESPÈCES		OBSERVATIONS.
		vivant seulement	vivant et à l'état fossile	fossile seulement	antérieures à la craie	de la craie	postérieures à la craie	à l'état vivant	à l'état fossile	
COLUMELLAIRES.	Marginelle . . .		*				*	25	8	4 espèces analogues, 3 de Grignon et 1 du Plaisantin. (Brocc.)
	Volvaire		*				*	5	1	
ENROULÉES.	Ovule		*				*	12	2	2 espèces analogues du Plaisantin. (Brocc.)
	Porcelaine . . .		*				*	68	19	1 espèce identique dans le Plaisantin et en Touraine; 1 anal. du Plaisantin. (Brocc.)
	Tarière.		*				*	1	1	
	Céraphs			*			*		1	
	Ancillaire. . . .		*				*	4	6	Rares à l'état vivant, très-communes à l'état fossile.
	Olive.		*				*	62	7	1 espèce analogue du Plaisantin. (Brocc.)
	Cône.						*	181	33	Il est très-difficile de constater les analogues de ce genre, nombreux en espèces.
ORTHOCÉRÉES.	Bélemnite . . .			*	*	*			24?	
	Orthocère . . .		*		*			6	11	Le genre vivant est douteux dans ses rapports avec le fossile.
	Nodosaire . . .	*						3		
	Hippurite . . .			*	*	*			10	
	Conilite	*		*	*				1	
LITUOLÉES.	Spirule		*			*		1	1	
	Spiroline. . . .		*				*	1	7	1 espèce analogue.
	Lituole.			*		*			2	
CRISTACÉES.	Rénulite			*			*		1	
	Cristellaire . . .		*				*	7	7	
	Pirgo.	*?						1?		Son état vivant ou fossile est douteux.
	Orbiculine . . .	*						3		
	Miliole		*				*	2?	12	

ORDRES OU NOMS DES FAMILLES.	NOMS DES GENRES.	GENRES QUI SE TROUVENT						NOMBRE D'ESPÈCES		OBSERVATIONS.
		A L'ÉTAT			DANS LES COUCHES					
		vivant seulement.	vivant et à l'état fossile.	fossile seulement.	antérieures à la craie,	de la craie.	postérieures à la craie.	à l'état vivant.	à l'état fossile.	
SPHÉRULÉES.	Mélonie	★						2		
RADIOLÉES.	Rotalie			★			★	5		
	Lenticuline . . .			★			★	6		Ce genre vient d'être trouvé à l'état vivant, depuis la confection de ce tableau.
	Placentule . . .	★						2		
	Vasculite			★			★		1	
NAUTILACÉES.	Discorbe			★			★		8	
	Sidérolite. . . .		★			★		2	1	Craie inférieure ; 1 espèce subanalogue.
	Polystomelle . .	★						4		
	Vorticiale. . . .	★						4		
	Nummulite. . .			★			★		20?	
	Nautile.		★		★	★	★	2	15	Craie inférieure.
AMMONÉES.	Ammonite . . .			★	★	★			120	Craie inférieure : il en existe un plus grand nombre d'espèces.
	Orbulite			★	★	★			12	Craie inférieure.
	Ammonocérate .			★	★				2	Genre douteux.
	Turrilite			★		★			2?	Craie inférieure.
	Baculite			★		★			1	Idem.
	Hamite.			★	★?	★			15	Idem.
	Scaphite			★		★			2	Idem.
CÉPHALOPODES. SÉPIAIRE. MONOTHALAMES.	Argonaute . . .	★						3		
	Bellérophe . . .			★	★				2	
	Sèche		★				★	2	4?	Des débris de plusieurs espèces.

ORDRES OU NOMS DES FAMILLES.	NOMS DES GENRES.	GENRES QUI SE TROUVENT						NOMBRE D'ESPÈCES		OBSERVATIONS.
		A L'ÉTAT			DANS LES COUCHES					
		vivant seulement.	vivant et à l'état fossile.	fossile seulement.	antérieures à la craie.	de la craie.	postérieures à la craie.	à l'état vivant.	à l'état fossile.	
HÉTÉRO-PODE.	Carinaire....	*						3		
GENRES PEU CONNUS.	Amplexus...			*	*				1	
	Planospirite..			*		*			2?	
	Trigonellite...			*	*				1	
	Réceptaculite..			*	*				1	
POISSONS.	Anenchelum..			*	*				2	Il a paru superflu d'indiquer le nombre des espèces vivantes de tout ce qui suit.
	Palæorynchum.			*	*				2	
	Palæoniscum..			*	*				1	Une autre espèce est douteuse.
	Palæotrissum..			*	*				4	
	Anormurus...			*			*		1	
	Palæobalistum.			*			*		1	
	Hareng.....		*		*		*		21	1 espèce analogue.
	Zée.......		*		*		*		5	
	Brochet....		*		*		*		7	1 espèce identique et 1 autre analogue à Vestena-Nuova.
	Stromatée...		*			*	*		3	
	Elops......		*		*				1	
	Labre......		*		*		*		4	Le genre est douteux pour les couches antérieures à la craie ; 1 espèce analogue.
	Cyprin.....		*		*		*		30	1 espèce analogue à Vestena-Nuova.
	Pœcilie.....		*				*		2	
	Pleuronecte..		*			*	*		3	*Idem.*
	Squale.....		*			*	*		10	1 espèce identique, 2 analogues, et 1 douteuse à Vestena-Nuova.
	Amic......		*				*		2	1 espèce analogue à Vestena-Nuova.
	Raie.......		*				*		2	

ORDRES OU NOMS DES FAMILLES.	NOMS DES GENRES.	GENRES QUI SE TROUVENT						NOMBRE D'ESPÈCES		OBSERVATIONS.
		A L'ÉTAT			DANS LES COUCHES					
		vivant seulement.	vivant et à l'état fossile.	fossile seulement.	antérieures à la craie.	de la craie.	postérieures à la craie.	à l'état vivant.	à l'état fossile.	
POISSONS.	Ammodyte . . .		*				*		1	
	Anarrhychas . .		*				*		1	Le genre fossile est dou-teux.
	Aptériche. . . .		*				*		1	*Idem.*
	Baliste		*				*		1	
	Baudroie		*				*		1	1 espèce analogue à Ves-tena-Nuova.
	Blennie.		*				*		1	
	Blochie.		*				*		1	Le genre fossile est dou-teux.
	Callionime . . .		*				*		1	Le genre fossile est très-douteux.
	Cæcilie.		*				*		1	*Idem.*
	Caranxomore. .		*				*		2	
	Centrique . . .		*				*		2	
	Chætodon . . .		*				*		18	4 espèces analogues et 1 espèce identique à Vestena-Nuova.
	Coryphène . . .		*				*		1	Le genre fossile est dou-teux.
	Cyprinodon . .		*				*		1	*Idem.*
	Diodon.		*				*		1	Le genre fossile est très-douteux.
	Exocet		*				*		1	Le genre fossile est dou-teux.
	Fistulaire. . . .		*				*		2	
	Gade.		*				*		1	
	Gobie		*				*		2	Une d'elles est douteuse.
	Holocentre . . .		*				*		1	L'espèce est analogue.
	Lamproie. . . .		*				*		1	
	Loche		*				*		2	
	Loricaire		*				*		1	Le genre fossile est très-douteux.
	Lutjan		*				*		2	L'une est analogue, et l'autre douteuse.
	Monoptère . . .		*				*		1	
	Muge.		*				*		2	1 espèce est identique.
	Mugil		*				*		2	1 espèce identique à Vestena-Nuova.

ORDRES OU NOMS DES FAMILLES.	NOMS DES GENRES.	GENRES QUI SE TROUVENT À L'ÉTAT			DANS LES COUCHES			NOMBRE D'ESPÈCES		OBSERVATIONS.
		vivant seulement.	vivant et à l'état fossile.	fossile seulement.	antérieures à la craie.	de la craie.	postérieures à la craie.	à l'état vivant.	à l'état fossile.	
POISSONS.	Murène.		★				★		2	
	Ophidie		★				★		1	
	Perche.		★				★		3	L'une d'elles est douteuse.
	Saumon		★				★		2	1 espèce analogue à Vestena-Nuova.
	Scie		★				★		1	Le genre fossile est douteux.
	Siæne		★				★		2	1 espèce analogue, et l'autre douteuse.
	Scombéroïde . .		★				★		1	
	Scombre		★				★		8	3 espèces analogues à Vestena-Nuova.
	Scorpène. . . .		★				★		1	Le genre fossile est douteux.
	Silure		★				★		1	*Idem.*
	Spare.		★				★		2	L'une d'elles est douteuse.
	Syngnathe . . .		★				★		2	1 espèce analogue à Vestena-Nuova.
	Tétrodon. . . .		★				★		2	Une d'elles est douteuse.
	Torpille		★				★		1	
	Truite		★				★		1	Le genre fossile est douteux.
MAMMIFÈRES.	Ours		★				★		4	
	Marte		★				★		2	
	Chien		★				★		4	
	Hyène		★				★		1	
	Chat		★				★		2	
	Phoque.		★				★		2	
	Sarigue.		★				★		2	
	Castor		★				★		1	
	Campagnol. . .		★				★		2	
	Lagomys. . . .		★				★		2	
	Lièvre		★				★		2	
	Mégalonix . . .			★			★		1	
	Megatherium. .			★			★		1	
	Eléphant		★				★		2	

ORDRES OU NOMS DES FAMILLES	NOMS DES GENRES	GENRES QUI SE TROUVENT À L'ÉTAT			GENRES QUI SE TROUVENT DANS LES COUCHES			NOMBRE D'ESPÈCES		OBSERVATIONS.
		vivant seulement.	vivant et à l'état fossile.	fossile seulement.	antérieures à la craie.	de la craie.	postérieures à la craie.	à l'état vivant.	à l'état fossile.	
MAMMIFÈRES.	Mastodone			✶			✶		6	
	Hippopotame		✶				✶		4	
	Cochon		✶				✶		1	
	Anoploterium			✶			✶		2	
	Xiphodon			✶			✶		1	
	Dichobune			✶			✶		3	
	Anthracoterium			✶			✶		2	
	Adapis			✶			✶		1	
	Chœropotame			✶			✶		1	
	Rhinocéros		✶				✶		4	
	Palæoterium			✶			✶		8	
	Lophiodon			✶					5	
	Tapir	✶							1	
	Elasmotherium			✶					1	
	Cheval		✶				✶		1	
	Rat		✶				✶		1	
	Cerf		✶				✶		5	
	Bœuf		✶				✶		4	
	Loir		✶				✶		2	
CÉTACÉS.	Lamantin		✶				✶		1	
	Dauphin		✶				✶		4	
	Baleine		✶				✶		3	
OISEAUX.	Etourneau		✶				✶		1	Il est extrêmement difficile de reconnoître les genres des oiseaux dont on trouve les restes fossiles, et il en existe un plus grand nombre que celui qui est signalé.
	Pélican		✶				✶		1	
	Alouette de mer		✶				✶		1	
REPTILES.	Tortue		✶			✶	✶		6	
	Crocodile		✶		✶				6	
	Plesiosaurus			✶	✶				1	
	Ichthyosaurus			✶	✶				4	
	Ptérodactyle			✶			✶		3	

ORDRES OU NOMS DES FAMILLES.	NOMS DES GENRES.	GENRES QUI SE TROUVENT À L'ÉTAT			DANS LES COUCHES			NOMBRE D'ESPÈCES		OBSERVATIONS.
		vivant seulement.	vivant et à l'état fossile.	fossile seulement.	antérieures à la craie.	de la craie.	postérieures à la craie.	à l'état vivant.	à l'état fossile.	
REPTILES.	Grenouille . . .		∗				∗	1		
	Mosasaurus. . .			∗		∗		1		
	Salamandre . .		∗				∗	1		
INSECTES.	Silpha		∗				∗			Dans le lignite. On n'a pu signaler le nombre des espèces dans les articles qui suivent.
	Charançon . . .		∗				∗			Dans le succin.
	Scorpion . . .		∗				∗			Idem.
	Mouche		∗				∗			Idem.
	Blatte		∗				∗			Idem.
	Tipule		∗				∗			Idem.
	Araignée		∗				∗			Idem.
	Ichneumon . . .		∗				∗			Idem.
	Libellule		∗				∗			Dans les pierres fissiles. (d'après les anciens auteurs).
	Scarabée		∗				∗			Idem.
	Scolopendre . .		∗				∗			Idem.
	Papillon . . .		∗				∗			Idem.
	Hémérobe . . .		∗				∗			Idem.
	Carabe		∗							
VÉGÉTAUX.	Culmite			∗			∗			
	Calamite		∗		∗					Genre Equisetum ?
	Syringodendron			∗	∗					Fougères en arbres ?
	Sigillaire			∗	∗					Idem.
	Chatraire			∗	∗					A beaucoup d'analogie avec les lycopodes.
	Sagenaire. . . .			∗	∗					
	Stigmaire. . . .			∗	∗					A quelques rapports avec les pothos ou les euphorbes.
	Lycopodite. . .			∗			∗			
	Filicite		∗		∗					Fougères.
	Asterophyllite. .			∗	∗		∗			A quelque ressemblance avec le gallium.

ORDRES OU NOMS DES FAMILLES.	NOMS DES GENRES.	GENRES QUI SE TROUVENT À L'ÉTAT			DANS LES COUCHES			NOMBRE D'ESPÈCES		OBSERVATIONS.
		vivant seulement.	vivant et à l'état fossile.	fossile seulement.	antérieures à la craie.	de la craie.	postérieures à la craie.	à l'état vivant.	à l'état fossile.	
VÉGÉTAUX.	Sphœnophyllite		*		*					Voisin du genre Ceratophyllum.
	Fucoïde		*		*		*			Fucus.
	Phyllite		*				*			Voisin des aroïdes, des pipéracées.
	Poacite.		*				*			
	Exogénite . . .		*				*			
	Palmacite. . . .		*				*			Palmiers, dattiers, areca, bactris, cocottiers.
	Endogénite. . .		*				*			
	Equisetum . . .		*				*			
	Chara		*				*			
	Pinus.		*			*	*			On trouve dans la craie des débris analogues à ce genre.
	Nymphea. . . .		*				*			
	Thalictrum. . .		*				*			
	Juglans.		*				*			
	Nœggerathia . .		*		*?					Couche incertaine.

RÉCAPITULATION.

NOMS DES GENRES OU DES FAMILLES.	NOMBRE DES GENRES QUI SE TROUVENT						TOTAL DES GENRES.	NOMBRE DES ESPÈCES		OBSERVATIONS.
	À L'ÉTAT			DANS LES COUCHES						
	vivant seulement.	vivant et à l'état fossile.	fossile seulement.	antérieures à la craie.	de la craie.	postérieures à la craie.		à l'état vivant.	à l'état fossile.	
Polypiers	23	29	53	47	19	36	105	527	414	
Stellérides. . . .		4			2	4	4	76	4	
Echinides . . .	2	6	3	7	8	5	11	95	112	
Annelides		2	1	1	1	2	3	17	29	
Serpulées	2	3	1	3	3	3	6	36	69	
Cirrhipèdes . . .	9	1				1	10	50	16	
Tubicolées. . . .	1	3	2			5	6	11	14	
Pholadaires . . .			2			2	2	12	4	
Coquilles bivalves	19	60	22	42	25	50	101	1009	1100	Depuis la confection de cet état, le genre Sanguinolaire s'est trouvé fossile dans les couches postérieures à la craie.
Ptéropodes. . . .	3		1			1	4	4	1	
Phyllidiens . . .	1	2		1		2	3	72	6	
Coquilles univalves	22	75	9	15	4	79	106	1821	1245	
Coquilles cloisonnées.	6	8	17	10	12	10	31	40	286	
Céphalopodes monothalames.	1		1	1			2	3	2	
Céphalopodes sépiaires.		1				1	1	2	4?	
Hétéropodes. . .	1						1	3		
Genres peu connus			4	3	1		4		5	
Crustacés		23	5	5	2	9	28		54	
Poissons.		54	6	11	2	55	60		183	
Mammifères et cétacés		24	12			36	36		89	

NOMS DES GENRES ou DES FAMILLES.	NOMBRE DES GENRES QUI SE TROUVENT						TOTAL DES GENRES.	NOMBRE DES ESPÈCES		OBSERVATIONS.
	A L'ÉTAT			DANS LES COUCHES						
	vivant seulement.	vivant et à l'état fossile.	fossile seulement.	antérieures à la craie.	de la craie.	postérieures à la craie.		à l'état vivant.	à l'état fossile.	
Oiseaux	3					3	3		3	Les débris fossiles des oiseaux étant très-difficiles à reconnoître, le nombre des genres à cet état est sans doute beaucoup plus considérable.
Reptiles	4	4	3	2	.	4	8		23	
Insectes	14					14	14			
Végétaux	14	10	12	1		15	24			

ADDITION.

§. 103.

Il est évident que les genres Oursin, Balane, Bucarde, Arche, Nucule, Modiole, Pinne, Avicule, Plicatule, Lime, Patelle et Nautile, qui se sont élevés depuis les couches anciennes jusqu'aux plus nouvelles, ainsi que dans nos mers, à l'état vivant, ont dû traverser la craie, et leurs débris devroient s'y rencontrer aujourd'hui comme dans les autres couches, si leur têt soluble n'avoit disparu.

104.

Les genres qui se trouvent dans toutes les couches, même dans celles de la craie, ainsi qu'à l'état vivant, sont au nombre de huit, savoir : Caryophyllie, Sériatopore, Serpulée, ou Vermilie, Moule, Peigne, Huître, Térébratule et Troque. A l'égard de ce dernier, il a été très-rarement trouvé dans la craie.

105.

Le grès marin se trouvant au sommet de toutes les hauteurs des environs de Paris, on est assuré que les eaux de la mer ont couvert toutes ces hauteurs. Ces eaux ne pouvoient être là sans s'étendre à de très-grandes distances, tant en France que dans d'autres pays. Leur retraite a dû s'opérer, soit avec lenteur, soit avec rapidité. Si elles se fussent retirées lentement, toutes les parties qui sont sèches aujourd'hui auroient été successivement rivages. On verroit partout les traces des escarpemens et des falaises, comme on en voit sur les bords de la mer; et partout on trouveroit des cailloux arrondis par les vagues ; mais c'est ce qu'on ne voit pas. Il y a donc lieu de croire que la retraite s'est faite rapidement ; et c'est là l'opinion générale. Dans ce cas, lorsque le niveau des eaux eut atteint celui du fond de la mer, et même, avant de l'avoir atteint, elles ont dû le sillonner en se retirant et en gagnant de différens côtés les lieux plus bas, et former en sens divers les longues vallées au fond desquelles coulent aujourd'hui nos fleuves et nos rivières, et dont les principales sont couvertes de cailloux roulés.

Le fond de la mer qui a couvert les lieux que nous habitons aujourd'hui, pouvoit être inégal comme celui qu'elle recouvre de nos jours ; mais la correspondance des couches de chaque côté des bassins nous fait croire qu'en général ils ont été formés par le déchirement de ces dernières, et les corps qu'ils contiennent, et qui sont étrangers aux lieux où on les trouve, prouvent bien que des couches des pays plus élevés ont dû être déchirées pour les avoir fournis.

OMISSIONS.

Page 16, § 19, ligne 11, après les mots : par un corps, *ajoutez* ou par une portion soluble de la coquille.

Page 30, § 33, ligne 14, après les mots : distance l'une de l'autre, *ajoutez* il n'y a que les fentes produites par l'humidité sur une pierre de chaux ou sur de la glaise desséchée, qui puissent présenter de l'analogie avec des faits semblables.

Page 69, § 83, ligne 13, après ces mots : qui existent aujourd'hui, *ajoutez* à l'état vivant.

Dans les paragraphes 98, 99, 100, 101 et 102, après les mots : terre franche, *ajoutez* ou argileuse.

Page 96, ligne 22, et page 97, ligne 6, après les mots : terre franche, *ajoutez* ou argileuse.

ERRATA.

Pag. 32 , lig. 19 , quarante-trois , *lisez* quarante-deux.

Pag. 32 , lig. 20 , quatorze , *lisez* quinze.

Pag. 49 , lig. 14 , cent sept ; *lisez* cent.

Pag. 49 , lig. 17 , quatre-vingt-quatorze , *lisez* quatre-vingt-dix.

Pag. 49 , lig. 19 , quatre-vingt-dix-sept , *lisez* quatre-vingt-seize.

Pag. 49 , lig. 21 , cent quinze , *lisez* cent quatorze.

Pag. 50 , lig. 3 , douze , *lisez* quinze.

Pag. 50 , lig. 6 , les genres , *lisez* ceux de ces genres.

Pag. 51 , lig. 10 , douze , *lisez* quatorze.

Pag. 51 , lig. 11 et 12 , vingt-un , *lisez* vingt-quatre.

Pag. 51 , lig. 13 , cinq , *lisez* quarante-deux.

Pag. 51 , lig. 15 , dix-sept , *lisez* seize.

Pag. 51 , lig. 17 , neuf, sur vingt-quatre , *lisez* huit, sur vingt-cinq.

Pag. 51 , lig. 22 , cinquante-deux , *lisez* cinquante.

———

Pag. 105 , genre *Glycimère* , l'astérique doit se trouver dans la première colonne, et non dans la seconde.

Pag. 115 , genre *Turbinelle* , l'astérique de la sixième colonne doit être supprimé.

Pag. 115 , genre *Strombe* , placer un astérique dans la sixième colonne.

Pag. 116 , genre *Tonne* , placer un astérique dans la quatrième colonne.

Pag. 117 , genre *Nodosaire* , supprimer l'astérique de la première colonne , en placer un dans la deuxième et un autre dans la cinquième.

TABLE ALPHABÉTIQUE.

(Les chiffres indiquent les paragraphes.)

FIN DE LA TABLE.

www.ingramcontent.com/pod-product-compliance
Lightning Source LLC
Chambersburg PA
CBHW071854200326
41519CB00016B/4378